JN108262

データの分析と知識発見

秋光淳生

（改訂版）データの分析と知識発見（'20）

装丁・ブックデザイン：畑中　猛

s-74

まえがき

本書は令和2年度から開講される放送大学の専門科目「データの分析と知識発見（'20)」の印刷教材です。この科目は平成28年度から開講されている放送大学の専門科目「データの分析と知識発見（'16)」(以下旧「知識発見」) の後継科目として作成しています。そのため、一部の章については重複した内容を含んでいます。

近年の情報技術の発展により、非常に多くのデータが収集され、蓄積され、分析されるようになりました。そこで、旧「知識発見」では、Rを用いてデータマイニングの手法を説明することで、そうした分析が個人でも容易に行えるようになったことを述べ、データ分析の技法を実際にRを用いてデータ分析を行うことを目指して作成することにしました。

とはいえ、Rには非常に多くの機能があります。限られた枚数で説明できることには限りがあります。また、実際の操作については映像の方が理解しやすいこともあるでしょう。あくまで教材としては、この印刷教材だけでなく放送教材も含めて利用してもらいたいと思います。この本では多くのデータマイニングの手法について説明しますが、そのために、数学、統計の知識やパソコンについての基本的な理解を前提としています。

すべては理解できないとしても、なぜその手法でこうした結果が導けるのかということについて、本文の説明をもとに理解するように心がけていただきたいと考えています。

教材についての追加の情報に関しては、

`https://www.is.ouj.ac.jp/lec/20data/index.html`

に適宜掲載していく予定です。併せてご参照ください。

最後になりましたが、この印刷教材の作成にあたって、多くの方にお世話になりました。編集者の室町幸喜さん、放送授業制作にあたっては榎波由佳子さん、西村厳隆さん、久保晴彦さん、覚張正規さん、奥田耕大さん、飯坂紗幸さん、児玉美樹さんに様々なご助言をいただきました。ここに記すとともに厚く感謝致します。

2019 年 11 月

秋光 淳生

目次

1 はじめに

《概要》この教材では R を用いてデータ分析を行う方法について説明する。そこで、この章ではガイダンスとしてデータ分析の流れと、講義で扱う統計解析ソフト R と RStudio の基本的な使い方について説明し、R を用いて変数を含んだ計算を行うことを目指す。
この章を学ぶためには以下の知識を前提とする。

1） アプリケーションソフトをインストールすることができる。
2） キーボードから基本的な文字入力を行うことができる。
3） フォルダを作成しファイルの移動やコピーを行うことができる。

演習環境の構築のためには付録 A も併せて参照のこと。

《学習目標》

1） R を用いたデータ分析の手順について理解する。
2） RStudio の設定方法について理解する。
3） RStudio の基本的な操作について理解する。

《キーワード》データマイニング、R、 数値誤差

1.1 データ分析のプロセス

近年では、大量のデータを収集することができるようになり、そうしたデータを長く蓄積しておくことも可能となった。こうしたデータを解釈するための手法やツールも開発され、データを扱う**データサイエンス**の分野が注目を集めている。データの中から有用な情報を抽出することを **データマイニング**（data mining）という。データマイニングの例として、紙おむつとビールの話が取り上げられる。それは、北米のとある

スーパーマーケットにおいて、売上記録から顧客がどんな買い物をしているのかについて調べたところ、「週末の夕方に赤ん坊用の紙おむつを買う人は同時にビールを買うことが多い」という法則が見つかったという話で、一見関係のないものがデータを調べることでわかったという例である。

計算機を使えば大量のデータを調べることができ、普段気づかない情報が得られることもある。こうしたデータから知識を発見するプロセスは図 1-1 のようにまとめられる。近年ではデータを得るためのセンシング技術が充実し、多くのデータが収集されるようになった。しかし、蓄積されたデータはすぐに分析できるような形で保存されているとは限らず、分析のためには**前処理**が必要となることが多い。その上で分析をしても、分析した結果を解釈する場合には、データの分野についての専門家の判断が必要なこともある。このように実際の分析過程においては個々の段階を行きつ戻りつしながら、また、多くの人と協同で進めることもあるだろう。しかし、そうであったとしても、どういう分析をすれば、どういうことがわかるのか、分析の手法を正しく身につけることが必要である。

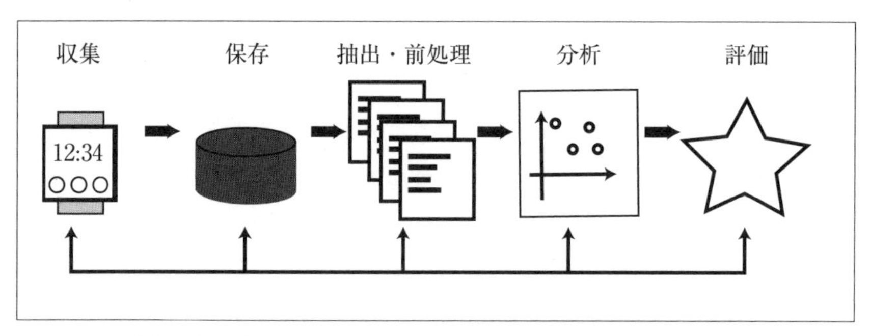

図 1-1　データ分析のプロセス（文献［4］をもとに作成）

1.2　R とは

R は統計解析のためのソフトウェアであるが、パッケージを追加することで統計以外の計算に活用することも可能である。R の特徴としては、

- 無料でダウンロードし、利用することができる。
- Windows だけでなく、macOS や Linux といった多くの**オペレーティングシステム**（OS）上で動作する。
- 多様なパッケージを追加することができ、汎用性が高い。
- 図の描画機能があり、解析するだけでなく、出てきた結果をグラフにすることができる。
- オープンソースであり、興味がある場合にはそのソースのプログラムを調べることもできる。
- プログラムだけでなく、多くのデータも用意されている。
- 書籍や Web サイトが充実しているため、無保証ではあっても問題が解決しやすい。

といった点が挙げられる。マウスだけで操作するのと違って、一つ一つの操作をキーボード上から打ち込まなければならない点はパソコンに習熟していない人には難しく感じるかもしれないが、動作一つ一つを意識して行うことができることは学ぶ上でメリットがある。また **RStudio** とは R を使うための統合開発環境（**IDE**：Integrated Development Environment）である。ファイルの作成や削除、過去に行った履歴の閲覧やグラフの作成、保存など R を使う上で便利な機能を提供してくれている。R と同様に Windows や macOS、Linux といった多くの OS で動作する。利用する OS によって多少の違いはあるが、基本的な操作については違いはない。この講義では分析を行う環境として R および RStudio を用いる。

1.3 RStudio の設定と R の基本操作

R や RStudio を自分のパソコンにインストールする方法、および講義で使うパッケージのインストールについては付録 A にまとめてある。ここでは、インストールや設定が完了した前提で RStudio の基本操作と講義データを準備する方法について見てみよう。この章では、Windows 10 に基づいて説明する。macOS の場合については付録 A を参照してほしい。RStudio を起動すると、図 1-2 のように 3 つの小窓（今後①の部分がさらに 2 つの部分に分かれ、4 つの時もある）が表示される。左の①の部分が R で実際に命令を入力する部分である。

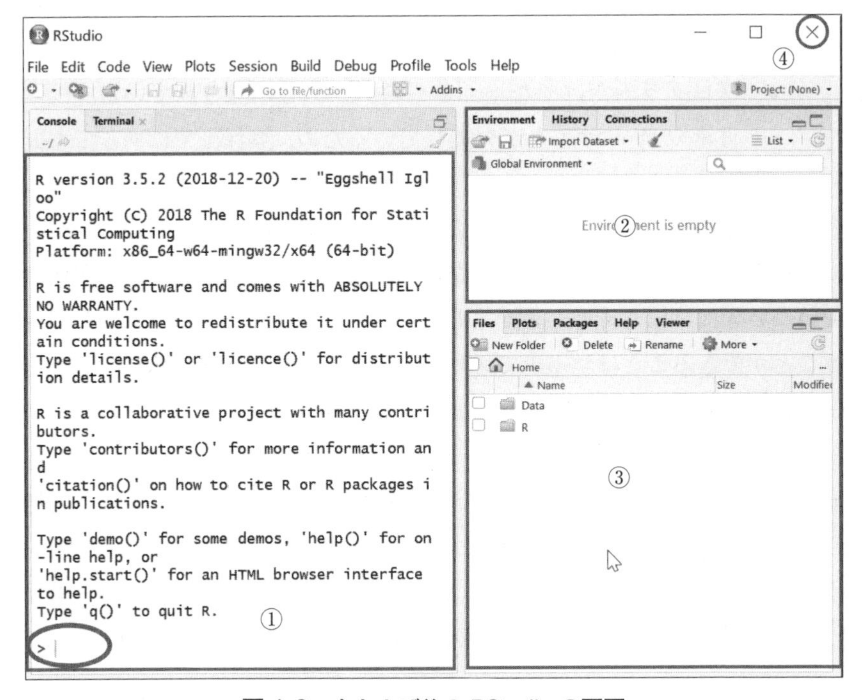

図 1-2　立ち上げ後の RStudio の画面

①の部分には起動時に図のようなメッセージが表示され、最後に「>」という記号が表示される。このメッセージにおける R-3.5.2 の 3.5.2 はソフトウェアのバージョン（版）を表している。小数点ごとの区切りは変化の影響を表す。改訂が大きければ、上の桁を増やし、改訂が小さい場合には低い桁の値が変わる。

この「>」という記号は現在入力を受け付けている状態であることを意味している。これを**プロンプト**という。ここに命令を入力するなど操作を行う。②の部分には設定した変数（`Environment`）や自分の入力した履歴（`History`）を見ることができる。③の部分はフォルダのファイル（`Files`）、描画したグラフ（`Plots`）、パッケージ（`Packages`）やヘルプ（`Help`）が表示される。

図では `Files` のタブが開かれており、家のアイコンがあり Home と表示されている。Windows の場合には、RStudio を初めて起動した時点ではマイドキュメントのフォルダの中身が表示される。

図 1-3 は Windows のエクスプローラーでドキュメントを表示したものである。このままで作業を続けることもできるが、RStudio では分析を行って終了すると、分析に用いたデータや分析の記録を `.RData` や `.Rhistory` という名前で保存する。R に関するデータはすべて 1 つのフォルダに保存しておいた方がやりやすいこともあるだろう。そこで、ここでは、図のように **Data** というフォルダを作り、分析に用いるファイルはこの Data というフォルダに置いておくことにしよう。Data というフォルダには講義のデータが置かれているものとする。講義用の Web サイト[1]から講義用のデータをダウンロードして置いておこう（図 1-3 下）。

このように作業するフォルダのことを RStudio では `Working Directory`（wd）という。そこで、その作業用のフォルダの設定を行う（図 1-4）。

1） `https://www.is.ouj.ac.jp/lec/20data/index.html`

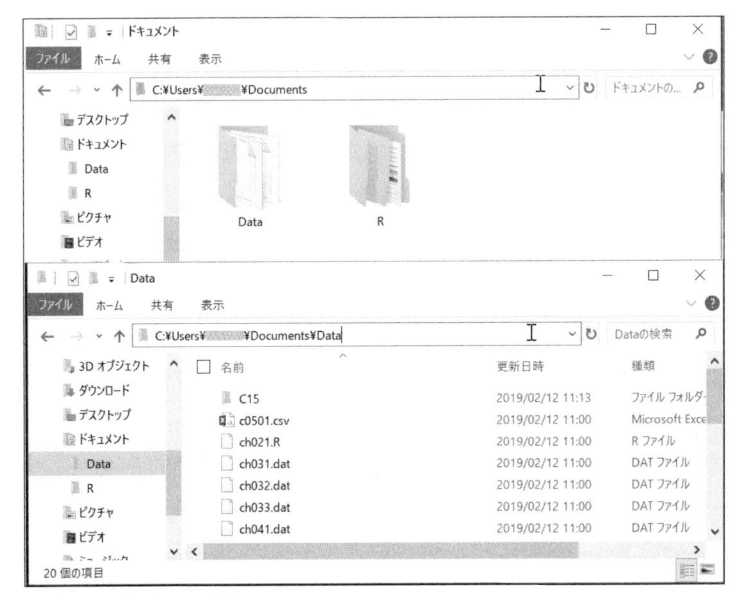

図 1-3　エクスプローラーによるマイドキュメントの表示

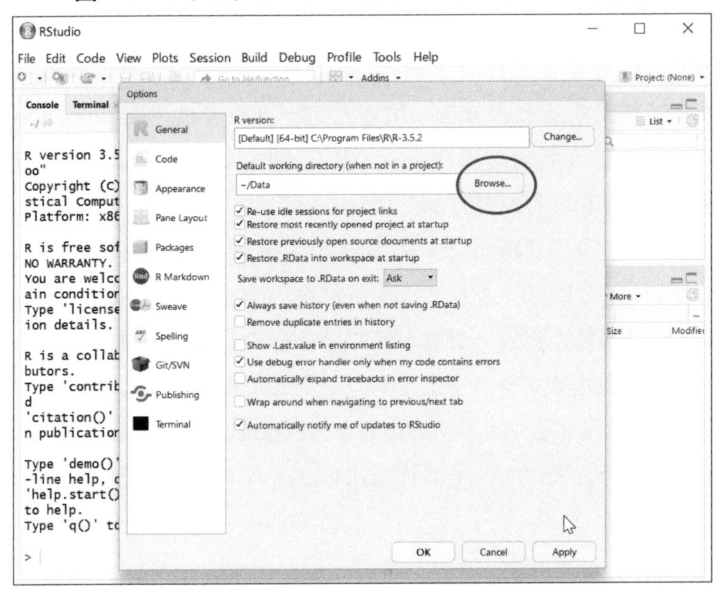

図 1-4　作業フォルダの設定

ツールバーの Tools メニューの中にある Global Options... を選択し、表示されたダイアログボックスの General メニューの中にある Default working directory で指定する。Browse... のボタンを押すとエクスプローラーが立ち上がるので、Data フォルダを選ぶ。すると、図 1-4 のように ~/Data という文字が表示される。表示されたら、左下の OK ボタンを押す。設定をしたらいったん RStudio を終了しよう。終了するには図 1-2 右上にある ×ボタン (④) を押す。いったん**終了し、起動し直す**と、以降 Files には Data フォルダの中身が表示される (図 1-5)。

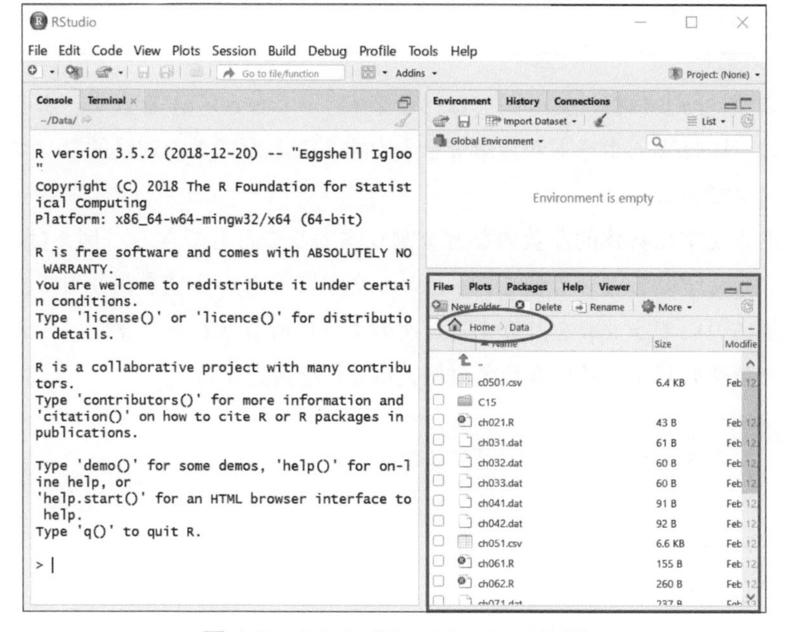

図 1-5　立ち上げ後の RStudio の画面

では、実際に計算をしてみよう。例えば「1+1」と入力し、Enter (もしくは Return) キーを入力しよう。以下の四角で囲まれた部分は図 1-6 ①

の部分だけを取り出したものである。すると次のように結果が表示され、>のあとにカーソルが移動する。続けて「5 * 6」と入力し、Enterキーを入力しよう。さらに「5 ^ 3」について行うと次のようになる。

```
> 1 + 1
[1] 2
> 5 * 6
[1] 30
> 5 ^ 3
[1] 125
```

ここで、「*」は掛け算、「^」はべき乗 ($5^3 = 5 \times 5 \times 5$) を表す。このように、R はキーボードから命令を入力することができる**対話**的なソフトウェアである。

ある文字に具体的な数値などを割り当てることもできる。例えば、x という文字に 5 という値を、y という文字に 6 という値を割り当て、その値について $x \times y$ を計算すると次のように計算される。また、代入された値を確認する時は変数名（例えば x）を入力する。

```
> x <- 5
> y <- 6
> x* y
[1] 30
> x
[1] 5
```

この x や y のことを**変数**といい、変数に値を割り当てることを**代入**という。

代入する時には、[<] と [-] を続けて（**スペースを入れずに**）[<-] と入力する。x が整数か小数か文字なのかといったことは、何も指定しない場合であっても自動的に判定してくれる（意図的に変更する場合にはそのための関数を用いる）。また、単に文字名を打つとそのデータの中身が表示される。RStudio でこの計算を行った場合、図 1-6 になる。自分で変数を設定すると、右上②の `Environment` のところに変数とその内容が表示される。この例では `x` と `y` の値を設定して、`z = x*y` を計算している。その後、`y` の値を変更した。途中で値を変更しても `z` の値には変化がないことに注意しよう。いろいろと作業していて、自分で設定した変数が何だったかわからなくなった場合もここで確認できる。

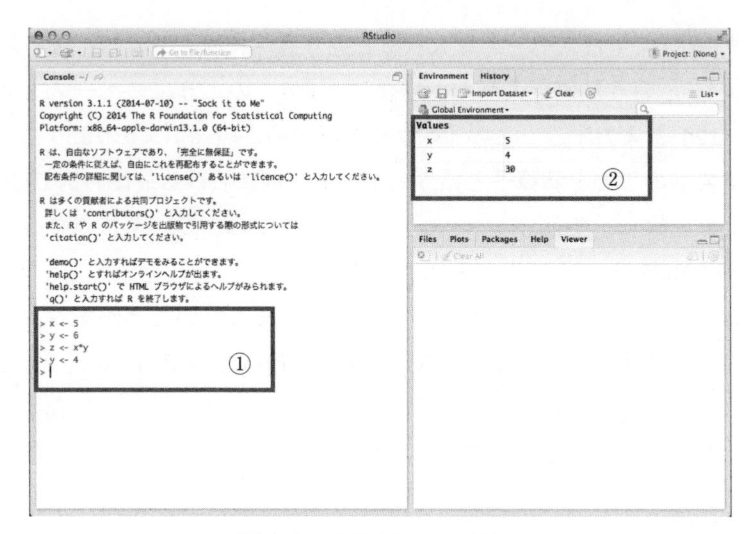

図 1-6　変数を用いた計算例

入力について注意するべきことについて述べる。R では見やすいようにスペースを入れても、適切に判断してくれる。`1+1` を `1 + 1` としても同じように計算される。そこで、文字や括弧を含む場合には半角スペースを入れ、見やすいように工夫するとよい。

```
> x <- 3
> y <- 2
> ( x + 1 ) * ( y + 2)
[1] 16
> x <- 3
> x < - 1
[1] FALSE
```

ただし、「<-」はスペースを入れると違う意味に解釈されてしまう。同様に、12 という数値を入れたい場合に「1 2」のようにスペースを入れずに「12」と入力する。この「<-」や先ほどの「+」や「*」のように計算を表す要素のことを**演算子**という。上の計算例における最後の例では、x と -1 を比較し、条件 「x < -1 」が正しくないので、正しくないことを示す FALSE という結果が表示されている。

また、命令が長くなると必ずしも 1 行で収まらないことがある。そこで、「1 + 2」と入力するところで、「1+」を打った後で Enter （もしくは Rerurn ）キーを押すと、プロンプト > ではなく、+ と表示される。これは、R が式がまだ終了していないと判断していることを意味している。

```
> 1 +
+ 2
[1] 3
```

このように命令が文として完了していないと完了するまで続く。特に今後、関数を用いる場合には、自分では正しく入力したと思っていても、実は括弧「()」の数が合わないという場合があるので注意しよう。

三角関数や自然対数などの関数も用意されている。

```
> cos(pi)
[1] -1
> exp(1)
[1]2.718282
log( exp(1) )
[1] 1
log2(4)
[1] 2
log10(1000)
[1] 3
```

終了する時には、`quit()`（または `q()`）と入力する。

```
> q()
> Save workspace image?  [y/n/c]
```

すると、「Save workspace image to ~/.RData」と聞かれる。保存

する場合は y (yes)、しない場合は n (no)、キャンセルして元に戻る場合には c (cancel) と入力する。作業スペース（Workspace）を保存すると、今回行った処理の履歴が.Rhistoryという名前で残り、代入した変数の値などが.RDataという名前で保存され、そのファイルを読み込むことで、続きから作業を行うことができる。

1.4 数値誤差について

通常、コンピュータは、有限の桁数の数値しか扱うことができない。そのため、R で計算した値も必ずしも厳密な値と一致するわけではない。例えば、以下の計算を見てみよう。

```
> 0.3-0.2-0.1
[1] -2.775558e-17
```

最後の値は本来 0 であるのに異なった値が出力されている。ここで e-17 は10の-17乗を意味し、出てきた答えは $-0.000\cdots0002775558$（小数点の前を含めて 0 の個数が 17 個）と非常に小さい値ではあるが、正しい値にはなっていない。

このようにコンピュータの計算は誤差を含むことがある。こうした誤差は通常小さい値であるため実用上問題なく利用しているが、時としてその違いが本質的となることもあり、その場合には計算の手順などを工夫して対応することになる。

1.5 まとめと展望

講義全体の導入としてデータ分析の流れを説明し、後半は RStudio の基本操作について説明した。持っているデータがどのようなデータかを確認した上で、様々なデータを RStudio を用いて分析をしていくということが今後の講義の流れということになる。コンピュータで計算すると、多少の誤差があっても、複雑な計算も素早く正確に行えることが多い。ツールも普及した。

R のような文字を入力する対話型のソフトウェアでは、コマンドを覚える必要があるため、一般に敷居が高く感じられるが、表示のための余計な処理がないので、一般に動作が軽い。また、「何を計算しているのかわからないけれど、コンピュータで計算したらこうなった。」というのではなく、一つ一つ命令と結果を確認しながら学んでもらいたいと考えている。

さて、変数の代入についてもう少し詳しく述べてみよう。Web からダウンロードするなどしてファイルを入手し、分析するプロセスを考えてみよう。ファイル名（拡張子）によって自動的にどのアプリケーションで開くかが割り当てられていて、ファイルのアイコンをダブルクリックすることで自動的にアプリケーションソフトが開くことがある。または、分析するためにアプリケーションソフトを立ち上げてファイルを開き、データを見るところから分析を開始することをイメージするかもしれない。R の場合には、まず、自分で決めた場所にファイルを保存する。そして、変数としてファイルを読み込み、その変数に対して分析を行う。そのため、今回演習で用いた変数 x は 1 つの整数だったが、数行にわたる数字や文字の列である場合もある。また、x に値を代入する際に、整数なのか、小数なのかということを指定しなかった。それについては今後再度触れる。R では読み込んだ値に応じてどんな型をしているのかを判断し、計算を行っていたことも押さえておこう。

参考文献

[1] 鄭躍軍、金明哲、村上征勝、“データサイエンス入門”、2007、勉誠出版
[2] 高階知巳、“プログラミングR　基礎からグラフィックスまで”、2008、オーム社
[3] 石田基広、“Rで学ぶデータ・プログラミング入門”、2012、共立出版
[4] 元田浩、津本周作、山口高平、沼尾正行、“データマイニングの基礎”、2006、オーム社

演習問題 1

【問題】

1)　R において、次の計算をするとどのような結果になるのか、試してみよ。

```
> x <- 2
> y <- 3
> z <- x*y
> z
```

2)　次の場合はどうか？

```
> x <- 2
> y <- 3
> z <- x*y
> y <- 4
> z
```

解答

1)　6。

2)　6。ここで、y <- 4 の後に、もう一度 z <- x*y としてから、z とすると 8 となる。

ふりかえり

次のことを考え、書き残しておこう。

1) これからデータ分析をする上でどんなことをしたいだろうか。

2) そのために今の自分は何を学ぶ必要があるか。

2 Rによるレポートの作成

《概要》 R には様々な関数が用意されており、組み合わせて利用することで一連の分析を行うことができる。この章では基本的な関数の使い方について述べる。また、複雑な計算を一つ一つ順番にやっていくのは大変である。一連の処理の流れを記述しておき、命令回数を減らすことも望まれる。その方法について述べる。最後に `knitr` の使い方について説明する。
この章を学ぶためには以下の知識を用いる。

1) Σ などの数学の知識
2) 関数の振る舞い

《学習目標》

1) R において基本的な関数を利用することができる。
2) R を用いて自分で関数を定義して利用することができる。
3) RStudio を利用して自分の学習記録を残すことができる。

《キーワード》 平均、分散、関数、パッケージ

2.1 基本的な統計量の計算

多くの人を対象に様々な観点から測定し、それを集めたデータを分析することがある。その場合には、まずはそのデータを簡潔に要約することが求められる。集めたデータの特徴をもとに求めた量を**記述統計量**という。記述統計量としては、平均値や分散、最小値、最大値などが使われる。そこで、こうした統計量を求める方法について考える。

n 個のサンプルデータがあるとし、それを x_1、x_2、$\cdots$、x_n としよう。このとき、**平均値** (mean または average) μ と**分散** (variance) σ^2 は次の

ように計算される。

$$\mu = \frac{x_1 + x_2 + \cdots + x_n}{n} = \frac{1}{n}\sum_{i=1}^{n} x_i$$

$$\sigma^2 = \frac{1}{n}\sum_{i=1}^{n}(x_i - \mu)^2$$

分散を計算する時に、n ではなく、$n-1$ で割った値を用いることも多い。これを**不偏分散**という。R で計算する関数は不偏分散が用いられている。また、分散の平方根 ($\surd$) を取った統計量を**標準偏差** (standard deviation) σ という。

では、実際に計算してみよう。例として、5 人ずついるグループ A、グループ B があって、それぞれのメンバーの身長が表 2-1 に表されているものとしよう。

表 2-1　グループ A、B の身長

	A	B
(1)	118cm	128cm
(2)	119cm	129cm
(3)	121cm	130cm
(4)	122cm	131cm
(5)	170cm	132cm

この身長の平均値、中央値、分散、標準偏差をそれぞれ R を使って表してみよう。

今までは四則演算として、「`*`」、「`+`」といったものを直接書いていたが、R にはこうした統計量を計算してくれる関数が用意されている。平均は「`mean()`」、中央値は「`median()`」、分散は「`var()`」、標準偏差は「`sd()`」で求めることができる。複数の要素を持つデータ（**ベクトル**データ）を 1

つのまとまりとして表現するには「c()」(combine) を使う。まず、5 人分のデータをそれぞれ x1、x2 として表そう。

```
> x1 <- c(118,119,121,122,170)
> x2 <- c(128,129,130,131,132)
```

この値をもとに R で計算すると次のようにすぐに結果が得られる。この「mean」や「var」のように決められた処理を行って結果を返す一連の命令群のことを**関数**という。関数はある値やデータを入力して結果を返す。そこで今後は、どういったデータを入力するとどういった結果が得られ、それをどのように解釈するか、どういうことに注意するのか、といったことについて説明していく。主な関数の例を表 2-2 に示す。

```
> mean(x1)
[1] 130
> median(x1)
[1] 121
> var(x1)
[1] 502.5
> sd(x1)
[1] 22.41651
```

表 2-2　R の主な関数

統計量	説明
sum	合計、例　sum(a,b,c)
mean	平均値、中央値は median
max	最大値、最小値は min
var	分散、行列を与えると分散共分散行列を計算する
sd	標準偏差、それぞれの列の標準偏差を求める
cor	相関、行列を与えると相関行列を求める

2.2 関数の引数と変数の範囲

関数を自分で定義して使用することもできる。function(){ }という形で作成する。() の中には変数を指定する。まず例で見てみよう。

第1章で述べたようにRのコマンドは1行で書かなくてもよい。数行にわたる場合には、+という文字が表示されるので、そのまま入力を続ける。入力が終わるとプロンプト > が表示される。これによって、5×6 を計算する関数が定義されたことになる。

```
> f1 <- function(){
+ a <- 5
+ b <- 6
+ a*b
+ }
> f1()
[1] 30
```

上記の例では、f1() と入力し Enter を入力すると、[1] 30 と表示され、実際に計算されたことがわかる。

ここでは、もう少し詳しく関数について見てみよう。関数で例えば a*b を計算させたいとする。先ほどの例は a、 b も決まった値だった。今度は、b は固定し、a を毎回変化させることを考えてみよう。

```
> f2 <- function(a){
+ b <- 6
+ a*b
+ }
> f2(5)
[1] 30
```

ここでは、function(a) とすることで関数が a という引数を持つことを示している。また利用する時には f2(5) などのようにして用いる。

もう一つの例を考えてみよう。

```
> f3 <- function(a=2){
+ b <- 6
+ a*b
+ }
```

この時の結果は次のようになる。

```
> f3()
[1] 12
> f3(5)
[1] 30
```

f2 の場合、f2() とすると a の値が決まっていないために

```
Error in f2():argument "a" is missing,with no
default
```

とエラーとなる。一方、f3 の場合には、上記のように何も指定しない場合には a=2 として計算し、f3(5) 値を指定した場合には a=5 として計算する。このように省略された時の値（**省略時既定値**）を指定することができる。

2.3 Rスクリプト

データ分析も進んでいくと一度だけの処理ではなく、多くの処理をすることが出てくる。その場合には、一行一行命令を打ち込むのではなく、複数の命令を書き、一度に実行できると便利である。R では **R スクリプト** と呼ばれるファイルに一連の命令を書いておくことができる。R スクリプトを作成するには File から New File → R Script を選ぶ（図 2-1ⓐ）。

または、図 2-1ⓑに示すように、File の下にある ⊕ の横にある ▼ のボタンを押しても同じことができる。

クリックすると、左上に小窓が現れる。小窓のタブには Untitled 1 と表示されている。この小窓は Windows におけるメモ帳に相当する編集のためのアプリケーションであり、ここに自由に文字を入力し、ファイルを作成することができる。この左上の小窓内をクリックし、カーソル（| という形をしたもの）が点滅しているのを確認して、文字を入力する。入力すると、タブの文字が赤く表示され、上部にあるフロッピーディスクのアイコンが濃く表示される（図 2-2①）。

ここでフロッピーディスクのアイコンをクリックするとファイルを保

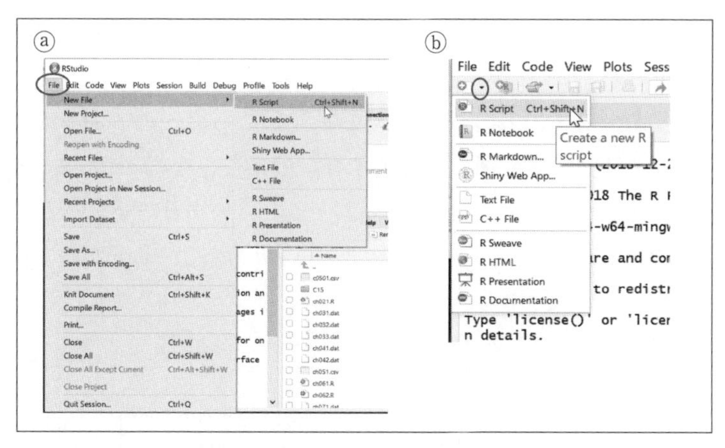

図 2-1　R スクリプトの作成（1）

図 2-2　R スクリプトの作成（2）

存することができる。最初に保存する時には、エクスプローラーが表示され、ファイル名を入力することが求められる（新規保存）。一度保存している場合には、次からは上書き保存を意味する。

右上の小窓の Environment の横にある History には履歴が表示されている。まずは一行一行命令を入力して動作を確認した上で、この履歴をもとに必要な命令だけを R スクリプトにして保存することもできる。History から選びたい命令をマウスで選択し、上部にある To Source ボタンをクリックする (図 2-2②)。すると選択した部分が左上にあるエディタに貼り付けられる。

ひと通り命令を入力し、ファイルを保存したら、一連の命令を実行しよう。R スクリプトの上部にあるアイコンのうち、Source ボタンを押すとスクリプトを実行することができる。また、スクリプトの一部をマウスで選んで、Run コマンドをクリックすると、選んだ部分だけを実行することができる (図 2-3)。

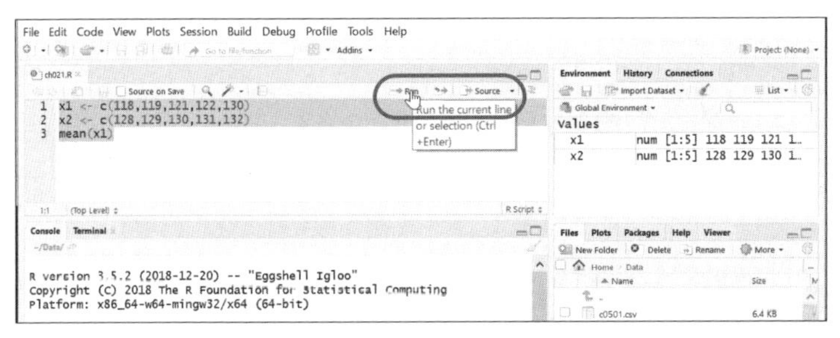

図 2-3 R スクリプトの作成 (3)

スクリプトで行の先頭に # と入力すると、その行は命令とは認識されない。一連の命令だけを書いたファイルでは、後から読み直した時に何を分析したものかわからなくなってしまうことがある。そこで、何をしているのかコメントとして残しておくことが有効である。分析のスクリプトにコメントを残すことで、見直した後に理解しやすいスクリプトを作成できる。また、データの分析を行う上では、やり直した後にも同じ結果が出せるような再現性が求められる。そこで、一連の分析を行った後には、その作業をスクリプトとして残しておくことが望ましい。

2.4　R によるレポートの作成

R スクリプトを作成することで後から分析を再現することができる。R スクリプトだけではなく、R ではレポートを作成することができるパッケージがある。ここでは knitr というパッケージを使うことを考えてみよう。パッケージのインストールについては付録 A に記す。ここでは、パッケージのインストールが完了しているものとして作業の流れを示す。まずパッケージを読み込む。

```
> library("knitr")
```

次に RStudio のウィンドウの左上にある ⊕ のアイコンをクリックし、表示されるメニューの中から R Markdown... を選ぶ（図 2-1ⓑ参照）。すると作成するレポートのタイトルや著者、出力タイプを入力する画面が表示される。好きなタイトルを書き（図では Sample）、出力のタイプは HTML とする（図 2-4）。

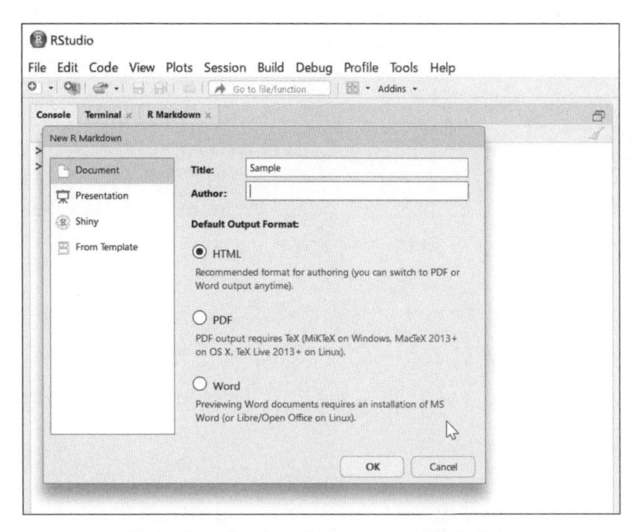

図 2-4　パッケージ knitr の利用（1）

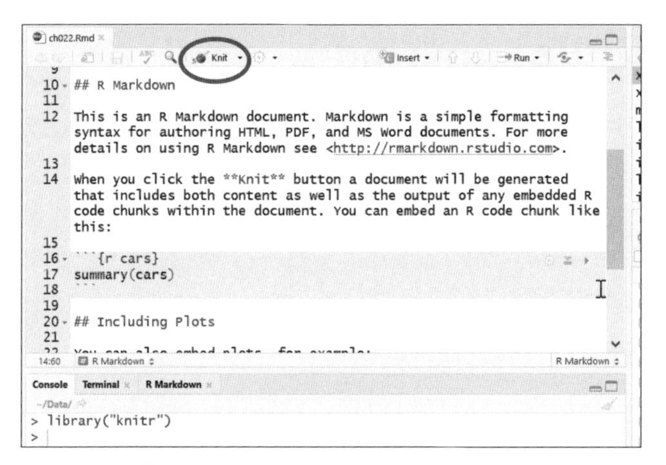

図 2-5　パッケージ knitr の利用 (2)

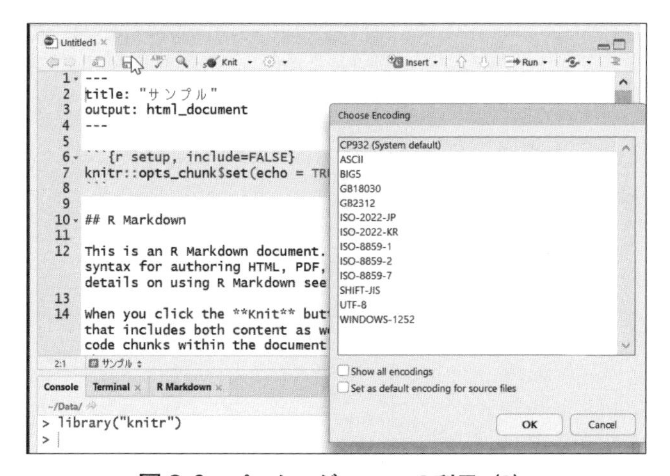

図 2-6　パッケージ knitr の利用 (3)

最初に、英語であるが、サンプルが表示されている（図 2-5)。

もし、タイトルや著者名などに日本語が含まれている場合には、日本語の文字コードを選ぶように指示される（図 2-6)。この講義では UTF-8

を用いることにする。

保存したら、タブの表記がファイル名になっていることを確認し、Knit ボタン（図 2-5 参照）で HTML 形式へと変換する。するとレポートの HTML ファイルが作成される（図 2-7）。

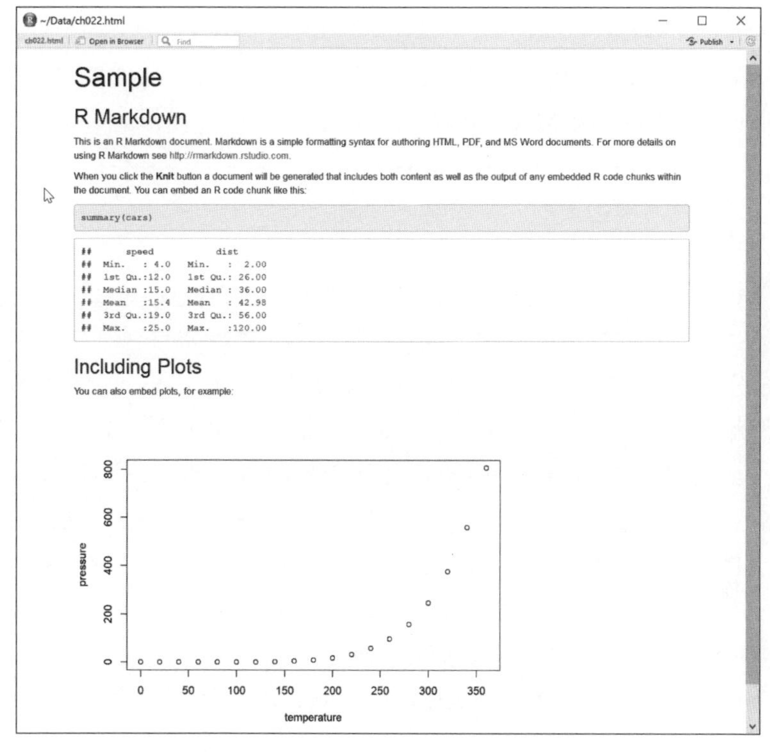

図 2-7　パッケージ knitr の利用（4）

図 2-5 と図 2-7 を見比べてみよう。図 2-6 で title:　と書いてある行は、これはタイトルであるという命令になっている。そして、出来上がった HTML ファイルを見ると先頭に大きな文字でタイトルが表示され

ている。また、左上の小窓のエディタ内にある ## R Markdown となっているものがHTMLファイル内では見出しになっている。R Markdownファイルとは Markdown と呼ばれる形式で書かれたファイルのことであり、その形式で作ったファイルを knitr によってHTML形式に変換している。Markdown 形式は Microsoft Word のように WYSIWYG（What You See Is What You Get）ではなく、文字を修飾するための命令に当たる文字も実際の文章と同時に記す記法のことである。この中で注目してほしいところは図 2-5 における

```
``` {r cars}
summary(cars)
```
```

の部分である。左上の小窓のエディタ上では ``` r cars と ```で囲まれた部分はグレーで表示されている。ここには R の命令を記載する。{r cars} の行の cars は囲まれた命令部分（チャンクという）に対する名前であるが、なくても構わない。そして、summary(cars) という命令は R に事前にインストールされている cars というデータの要約を表示するという命令になっている。その実行結果を見ると、命令がグレーで表示され、その後その実行結果が四角に囲まれて表示されている。このように、R Markdown では R の命令を記すことによって、どのような命令を行ってどのような結果になったかというレポートを作成することができるようになっている。最初に慣れないと難しい印象もあるが、Markdown 形式はなるべく少ない命令で済むようになっている。主な命令は表 2-3 のとおり。テキストでは文字は全角文字のように見えるが、実際には半角文字で入力する。

表 2-3　主な R Markdown 記法

R の命令	‘ ‘ ‘ r (略) ‘ ‘ ‘	‘はバッククォートキー（Shift+@） 図 2-7 のように R での命令と実行結果の両方が表示される。
見出し	# ## ###	見出し 1 見出し 2（第 2 階層） 見出し 3（第 3 階層）
階層化	* +	*リスト 1 ␣␣+リスト 2（タブを 2 つと+）
強調	* * _ _	*強調したい語句* _強調したい語句_
数式	$ $	$ で囲むと LaTeX の形式で数式を書ける。

最初は、このサンプルをもとに必要な部分を書き換えてレポートを作成し、一度うまく作成できたら今後はそのファイルを新たなサンプルとして利用すればよい。

2.5　まとめ

ここでは、関数の定義と knitr の使い方について述べた。学習をする際に自分が学んだことを残しておくことは非常に有効である。最初に慣れないと難しく手間がかかる印象を持ったかもしれないが、演習を行う時に自分なりの感想を残しておけば、後から振り返って役に立つであろう。

参考文献

[1] 高階知巳、“プログラミング R　基礎からグラフィックスまで”、2008、オーム社
[2] 舟尾暢男、“The R Tips”、2009、オーム社
[3] 高橋康介、“ドキュメント・プレゼンテーション生成”、金明哲・編、2014、共立出版

演習問題 2

【問題】

以下のような R のスクリプトを作り、Data フォルダに ch02.R という名前で保存したとする。

```
f1 <- function( a = 10 ) {
b <- 2
a*b
}
```

R で 次のように入力した時の結果はどうなるか。

```
> source("ch02.R")
> f1()
[1]  1)
> f1(3)
[1]  2)
```

解答

1) 20。

2) 6。

ふりかえり

1)　表計算ソフトを利用している場合には、表計算ソフトと比べてどんな違いがあるだろうか。
2)　表計算ソフトと比較すると、どんな時に RStudio を使うだろうか。

3 Rにおけるファイル操作

《概要》 前章では1次元のデータ列に対して演算を行った。分析で扱うのは1次元のデータだけではない。この章では多次元でのデータを扱うことを考え、Rでファイルからデータを読み込むための方法について述べる。

《学習目標》

1) ファイルの特徴に応じたオプションを指定してファイルを読み込むことができる。
2) Rを用いて行列の計算を行うことができる。
3) 共分散、相関係数について理解する。

《キーワード》 相関係数、リスト、ファイルの読み込み

3.1 Rでのファイル処理

前章では、データを一つ一つ入力することを考えた。しかし、分析の規模が大きくなると、値をキーボードから入力するのではなく、他のシステムからファイルを入手して読み込む方が多いだろう。ここでは、ファイルの読み込みについて述べる。

そこで、ここでは、次のような内容の2種類のファイルがあるものとしよう。␣は半角スペースを意味するものとする。それぞれ ch031.dat、ch032.dat というファイル名であるとする。これらのデータは、Excel などの表計算ソフトでは、各セルの値に対して色をつけたり太文字にしたりという修飾をすることがあるが、この2つは単純に必要な値だけが書かれたシンプルなファイルになっている。どちらもデータの1行目は

ヘッダとして列の名前が、1 列目は個人を表すために便宜上の名前が書かれているデータである。図 3-1ⓐでは値が半角スペースで区切られており、図 3-1ⓑは値がカンマ (,) で区切られている。値をカンマで区切った形式のファイルを **CSV 形式**という。

パソコンではファイル名のピリオドの後につけられる**拡張子**によって、どのアプリケーションで開くかの関連付けがされている。CSV ファイルであれば、拡張子を `.csv` とすることで表計算ソフトに自動的に関連付けられることが多いだろう。ただ、ここではデータファイルということを意味するため、拡張子を `.dat` とした。

ⓐ
```
name1␣A␣B
A1␣148␣52
A2␣152␣54
A3␣154␣56
A4␣158␣58
A5␣163␣60
```

ⓑ
```
name2,C,D
B1,148,52
B2,152,54
B3,154,56
B4,158,58
B5,163,60
```

図 3-1　身長と体重のデータ

ここで、␣は半角スペースを表している。ⓐが `ch031.dat`、ⓑが `ch032.dat` というファイル名で保存されているものとする。

さて、これらのファイルが、第 1 章で述べたように `Data` というフォルダにあるとする。これらのファイルを R で読み込み計算することを考えてみよう。

半角スペースで区切られたファイルを取り込む時には、**read.table()** というコマンドを用いる。これを `h1` という名前で取り込むことにすると、

```
> h1 <- read.table("ファイル名", 追加で指定する事柄)
```

とする。ファイル名は半角の " で囲む。

取り込むことができたら、データがどのように読み込まれているかを確認しよう。今回の場合、値としては、A1 から A5 までの 5 行で A、B の 2 列のデータを読み込んでいることが望ましい。h1 の中で h1[1,] とすると 1 行目のデータを表し、h1[,1] とすると 1 列目のデータを表す。h1[4,2] が 58 となるように読み込まれているか確認してみよう。

```
> h1 <- read.table("ch031.dat",header=T,row.names=1)
> h1
     A  B
A1 148 52
A2 152 54
A3 154 56
A4 158 58
A5 163 60
> h1[4,2]
[1] 58
```

カンマで区切られたファイルを読み込む時には、sep=","とする。

```
> h2 <- read.table("ch032.dat",h=T,row.names=1,sep=",")
> h2
     C  D
B1 148 52
B2 152 54
B3 154 56
B4 158 58
B5 163 60
```

また、read.csv() という関数を用いることもできる。次のコマンドは上の読み込みと同じ意味を表している。

```
> h2 <- read.csv("ch032.dat",h=T,row.names=1)
```

read.table() や read.csv() ではファイル名の後に、選択可能な追加項目（オプション）を記述する。データの 1 行目が各列の説明である場合には header=TRUE と指定する。header は h と省略できる。また TRUE の代わりに T としてもよい。第 2 章で述べたように、関数のオプションでは省略した場合にあらかじめ値が定められていることがある。read.table() では何も指定しないと FALSE である（すなわち何も説明がない）と判断され、一方、read.csv() では何も指定しないと TRUE であると判断される。そのため、

```
> h2 <- read.csv("ch032.dat",row.names=1)
```

としても正しく読み込める。

表形式では各行の名前を１列目に記すことがあるが、場合によっては別の列になっていることもあるかもしれない。このような時は図 3-2 の下の２つのように row.names で列名を指定する。

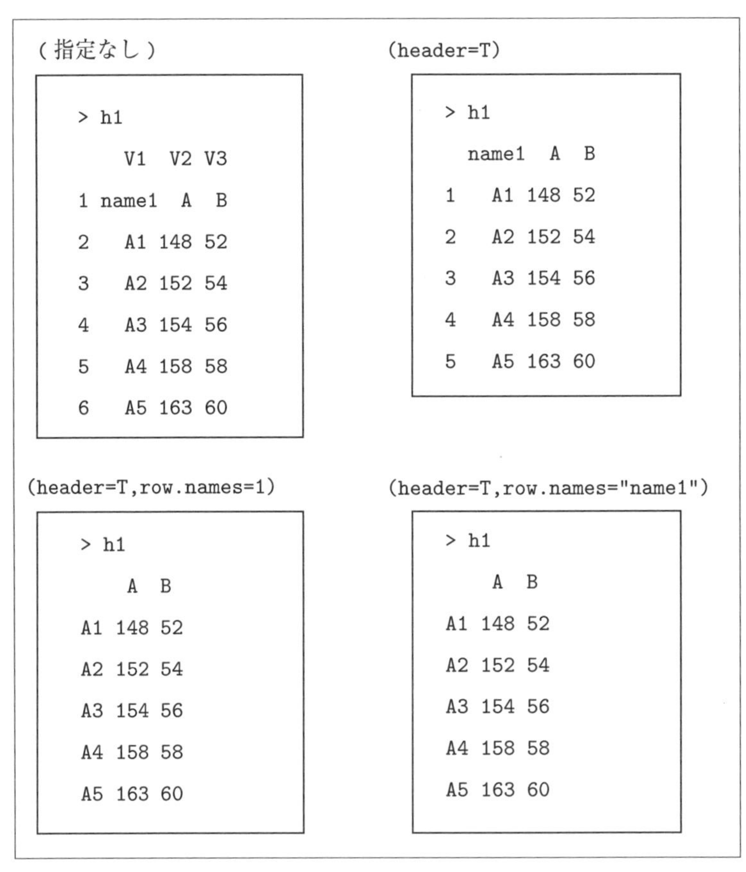

図 3-2　read.table のオプション

下の左側の例では１列目であることを、右側の例では name1 という名の列であることを指定している。左上の例のように何も指定しない場合はRの方で自動的に名前をつけることになる。左上の場合、h1 は6行3列のデータであり、右上の例では5行3列のデータになっている。このように読み込む時のオプションの指定の仕方によって読み込まれ方が異なるので注意しよう。

また、R で作成したオブジェクトをファイルとして書き出す時には write.table という関数を使う。以下の例は、var(h1) を ch033.txt という名前で保存することを意味している。

```
> write.table(var(h1),"ch033.txt")
```

read.csv() と同様に、write.csv() とすると、カンマ区切りでファイルを書き出す。

3.2　ファイルの指定

第1章で Data というフォルダにデータを置いておく設定について述べた。読み込むファイルがいつも作業フォルダにあるとは限らない。そこで、フォルダを指定する方法について述べる。例としてファイルが図3-3のような構造で置かれているとしよう。第1章と同様に作業フォルダとして Data が設定されているとする。ドキュメントフォルダには Data と Data3 というフォルダ、および a02.dat というファイルがある。Data というフォルダには Data2 というフォルダがあり、そのフォルダの中に a01.dat というファイルがあるとする。また、Data3 の中には a03.dat というファイルがある。

この時、オプションを省略して書けば、それぞれのファイル a01.dat ～a03.dat を読み込む時には次のようにファイルを指定する。

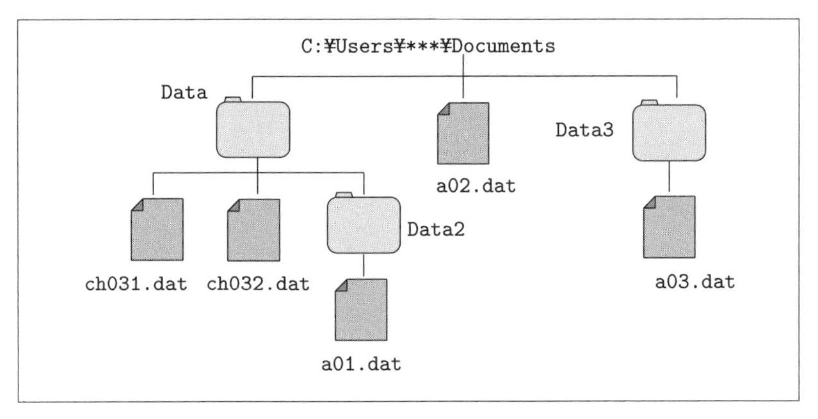

図 3-3　フォルダの構造

```
> a01 <- read.table("Data2/a01.dat",row.names=1)
> a02 <- read.table("../a02.dat",row.names=1)
> a03 <- read.table("../Data3/a03.dat",row.names=1)
```

このように、フォルダの区切りは ¥ ではなく、/ と指定し、1つ上のフォルダに行く場合には .. で指定する。Working Directory とはファイルのありかを指定する際の起点となるフォルダとなっている。

3.3　行列、リスト、データフレーム

Rでは、1つの変数で単に1つの値を表すだけでなく、複数の数値を扱ったり、上の例のように表の形をしたデータを表したりすることもある。そこで、Rのデータの構造について考えてみよう。ここでは主に4つの構造について考える。

ベクトルとは文字列の集まりや数値の集まりのように1つの種類のデータが1次元に集まったものである。Rでは値が1つの時も要素の数が1つと考える。つまり、前章まではベクトルのデータを扱ったことになる。そこで、多次元のデータとして行列、リスト、データフレームについて説明する。

行列とは1種類のデータが2次元に集まったものである。Rで行列を定義する場合には、matrix() という関数を用いる。

```
> A <- matrix( c(1,2,3,4),nrow=2,ncol=2)
> A
[,1] [,2]
[1,] 1 3
[2,] 2 4
```

各成分を指定するには、A[i,j] とすればよい。また、A %*% A や eigen(A) とすると行列のかけ算や固有値を計算することができる。

apply() という関数を用いることで行ごとや列ごとの計算をすることができる。例えば、apply(B,2,mean) はBという行列の列ごとに mean() を計算することを意味している。行ごとに計算する時は apply(B,1,mean) とする。

```
> B <- matrix( c(148,152,52,54),nrow=2,ncol=2)
> B
[,1] [,2]
[1,] 148 52
[2,] 152 54
> apply(B,2,mean)
[1] 150 53
```

行列は行や列の要素がすべて数値（または、すべて文字でもよい）のように同じ種類からなっているのに対して、異なる構造を持つ1次元のデータを**リスト**という。リストは list() という関数で定義する。

```
> C <- list(c(148,152,154,158,163),c(52,54,56,58,60))
> C
[[1]]
[1] 148 152 154 158 163
[[2]]
[1] 52 54 56 58 60
```

リストはベクトルを要素にすることができる。また、C[[1]] とすれば成分を参照できる。names() という関数を用いることで、成分を呼び出すためのインデックスに名前をつけることができる。名前をつけたらその後は変数に$をつけることで参照できる。

```
> names(C) <- c("height","weight")
> C[[1]]
[1] 148 152 154 158 163
> C$height
[1] 148 152 154 158 163
```

リストは 1 次元のデータの集まりであったが、行と列からなる 2 次元のリストが**データフレーム**である。行列と異なり、列ごとに文字列や数値にすることもできる。データフレームは、同じ長さを持つ名前のついたベクトルから構成される。作成する場合には data.frame() という関数を用いる。

```
> height <- c(148,152,154,158,163)
> weight <- c(52,54,56,58,60)
> D <- data.frame(height,weight)
> D
height weight
1 148 52
2 152 54
3 154 56
4 158 58
5 163 60
```

ここで 1 人目の身長と体重を参照したい場合には、D[1,c("height","weight")] や D[1,1:2] という形で参照することができる。また、各行に名前をつけておくと便利なこともある。その場合には rownames() という関数を用いる。

```
> name <- c("A1","A2","A3","A4","A5")
> rownames(D)<-name
> D
height weight
A1 148 52
A2 152 54
A3 154 56
A4 158 58
A5 163 60
```

3.4 共分散と相関

表 3-1 に示すような身長と体重のデータがあったとしよう。R を用いて身長と体重の平均と分散を計算すると、$\mu_h = 155$cm、$\mu_w = 56$kg、$\sigma_h^2 = 33$、$\sigma_w^2 = 10$ となる。ここで身長を表すものを下付きの h、体重を表すものを下付きの w で表している。このように身長や体重の特徴を調べることができた。では、このデータから身長と体重の関係を調べることを考えてみよう。

表 3-1 身長と体重

氏名	身長	体重
A01	148	52
A02	152	54
A03	154	56
A04	158	58
A05	163	60

この時、身長と体重との**共分散**は

$$
\begin{aligned}
& \frac{1}{(5-1)}\{(148-155)(52-56)+(152-155)(54-56) \\
+ \quad & (154-155)(56-56)+(158-155)(58-56) \\
+ \quad & (163-155)(60-56)\} = 18
\end{aligned}
$$

となる。これが何を意味しているかについて考えてみよう。

第 1 項 $(148-155)(52-56)$ は A01 の身長と体重からそれぞれ平均の値を引いて掛け合わせた積である。それぞれの積は、「身長が平均身長より低くて、体重が平均体重より軽い」時や、「身長が平均身長より高く、体重が平均体重より重い」時に正になり、一方、「平均身長より身長が高いのに、体重が平均体重より軽い」場合や「平均身長より身長が低いのに、体重は平均体重より重い」場合には負になる。したがって、出てきた結果が正の大きな値であれば、「一方の項目の値が増えた場合には、もう一方の項目も大きくなる傾向がある」と考えられ、負の大きな値になれば、その逆の傾向があるということを意味していると考えることができるだろう。

このことを一般化しよう。2 つのデータがあり、それぞれの値を $x_i^{(k)}$ と $x_j^{(k)}$ としよう。平均値をそれぞれ μ_i、μ_j とすると、共分散は

$$
s_{ij} \quad = \quad \frac{1}{n-1}\sum_{k=1}^{n}(x_i^{(k)}-\mu_i)(x_j^{(k)}-\mu_j) \tag{3.1}
$$

で計算される。第 2 章で計算した分散 σ^2 を思い出してみると、分散とはこの式で同じ項目同士の積を足し合わせたものであり、同じ項目同士の共分散と考えることができる。そこで、分散と共分散を併せて表示するために $\sigma_i^2 = s_{ii}$ と書くこともある。

共分散の値の大きさはそれぞれの項目のばらつきに大きく依存する。そこで、共分散を 2 つの標準偏差によって割ると、データ同士の値を評

価する指標を得ることができる。ばらつきの大きさによらず、値を評価することができる。共分散をお互いの標準偏差で割った値を**（積率）相関係数**という。相関係数を r_{ij} とすると、

$$r_{ij} = \frac{s_{ij}}{\sigma_i \sigma_j} \tag{3.2}$$

で求めることができる。相関係数には、$-1 \leq r_{ij} \leq 1$ という関係が成り立つ。

相関のイメージを図 3-4 に示す。これを見るとわかるように、2 つの要素の間に関係があるという場合には、単純に片方が増えればもう一方も増えるといった正の相関だけでなく、負の相関もある。ここで、1、−1 に近いほど「相関が高い」といい、$r_{ij} = 0$ に近いほど「相関がない」という。

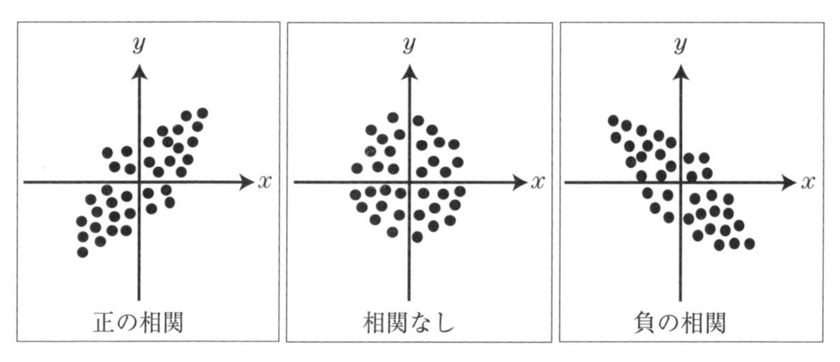

図 3-4　データの相関

ch031.dat のファイルのデータを h1 という形で取り込むことができたら、var() で分散共分散行列を計算する。また、cor() という関数を用いると、相関行列を計算してくれる（図 3-5）。

```
> var(h1)
  A  B
A 33 18
B 18 10
> cor(h1)
          A         B
A 1.0000000 0.9908674
B 0.9908674 1.0000000
```

図 3-5　分散共分散行列、相関行列の計算

3.5　まとめと展望

ここでは行列の入力ができるようになった。行列として A、B がある時、A*B や A/B は成分ごとの掛け算、割り算を行う。行列の積であれば、A %*% B とすることもできる。主な行列演算を表 3-2 に示す。

表 3-2　R の行列操作

演算子	説明	例と意味
+	足し算	A+B、成分ごとの足し算
-	引き算	A-B、成分ごとの引き算
*	掛け算	A*B、成分ごとの掛け算
%*%	掛け算	A%*%B
eigen()	固有値	eigen(A)、A は正方行列
solve()	逆行列	solve(A)、A は正方行列
ncol()	列数	列の数を返す
nrow()	行数	行の数を返す
t()	転置	転置行列を返す

データを分析する場合に、複数の成分について同じような計算を行うことがある。その時に、本来は一つ一つの成分に対してどういう計算をするのかを指定する必要がある。一方、R では多くの成分を含むものを1つの文字で表し演算を行うことで、少ない命令で多くの計算を行うことができる。こうした関数が多く揃っていることも利点の一つである。

参考文献

[1] 高階知巳、“プログラミング R　基礎からグラフィックスまで”、2008、 オーム社
[2] 舟尾暢男、“The R Tips”、2009、オーム社
[3] Norman Matloff、“アート・オブ・R プログラミング”、大橋真也・監訳、木下哲也・訳、2012、オライリー・ジャパン

演習問題3

【問題】

1) 次の2つの行列を入力し、違いについて確認せよ。

```
> A <- matrix(c(1,2,3,4,5,6),nrow=3,byrow=F)
> B <- matrix(c(1,2,3,4,5,6),nrow=3,byrow=T)
```

2) 次の成績の共分散、相関係数を計算せよ。

(a)

Aの得点一覧				
24	31	26	24	43
34	32	27	28	38
23	28	42	27	13
31	15	41	17	29
29	24	35	23	19
21	28	44	16	22

(b)

Bの得点一覧				
77	69	51	67	78
64	65	69	56	77
62	55	64	74	38
70	53	53	82	80
42	57	67	62	53
48	45	68	45	68

解答

1) 次のようになる。

```
> A
[,1] [,2]
[1,] 1 4
[2,] 2 5
[3,] 3 6
```

```
> B
[,1] [,2]
[1,] 1 2
[2,] 3 4
[3,] 5 6
```

2) 次のように入力して var()、cor() を用いる。

```
> A <- c(24,31,26,···)
> B <- c(77,69,51,···)
> var(A,B)
[1] 36.06207
> cor(A,B)
[1] 0.365731
```

ふりかえり

1) 表計算ソフトと比較して便利だと思える点、不便だと感じる点はどこだろうか。今の段階での感想をまとめてみよう。

4 表の作成

《概要》 質的データを分析する方法は表として整理することである。量的データであっても、いくつかのカテゴリーに分けてデータを分析することもある。このような時にクロス表を用いる。そこで、この章ではクロス集計表において項目間の関連を判断するための指標について学ぶ。最後にデータを読み込み、R で表を作るための方法について学ぶ。

《学習目標》

1）クロス集計表について理解する。
2）クロス集計表における指標について理解する。
3）R を用いてクロス集計表を作成する。

《キーワード》 クロス集計表、シンプソンのパラドックス、ユール係数、ファイ係数

4.1 尺度

データ分析の目的の一つは、意思決定の場面で、判断のための根拠になるものを見つけることである。その際、データを数量として表し、様々な数理的な手法を用いることで定量的な判断材料が求められる。

数量とは単に数値で表されるだけでなく、量として意味があることを含むもののことである。平均や分散などを求めたように、値自体を足したり引いたりすることができるデータのことを**量的データ**（quantitative data）という。一方で、名前などのように量として意味を持たないデータもある。これを**質的データ**（qualitative data）という。数値として表されているからといって量的データであるとはいえず、質的データであ

ることもある。

データを数値として表した場合、次の 4 種類に分類することができる。

1) **名義尺度**（nominal scale）

電話番号のように、扱うデータを一つ一つ区別するために割り当てられた番号のこと。

2) **順序尺度**（ordinal scale）

何かを基準に並べた場合の順番のように、与えられた順序にのみ意味があるもの。

3) **間隔尺度**（interval scale）

温度や身長のようにそれぞれの差が意味を持つもの。例えば、「温度が 30 度から 31 度へ 1 度高くなった」「21 度から 20 度へ 1 度低くなった」という場合の 1 度は同じ 1 度である。

4) **比例尺度**（ratio scale）

間隔だけでなく、比が意味を持つ尺度を比例尺度という。

名義尺度や順序尺度でのみ表されているデータは質的データであり、間隔尺度や比例尺度で表されているデータは量的データである。

まず名義尺度について、学校であるクラスの成績について考えると、個人を特定することが目的ではなく、個人個人が識別可能であればよいことも多い。その場合には番号でつけることも有効だろう。

順序尺度と間隔尺度を考えるために、例として 5 人のグループを考えてみよう。身長が高い順に 195cm、190cm、140cm、120cm、110cm であるとする。この人たちに大きい方から 1 番、2 番、… と割り当てることを考えてみよう。この場合、1 番目の人と 2 番目の人の身長差と 2 番目の人と 3 番目の人との身長差は一定ではない。このようにして代表された数値である 1、2、といった数値は順序として以外には意味はない。それが順序尺度ということになる。

同様に、データのサンプルが非常に多い場合には、その値の範囲ごとにあるグループに分けてデータを集計することがある。例えば、先ほどの身長の例を考えてみよう。これを次の表4-1にまとめる。

表4-1　5人の身長のグループ分け

区分	人数
110cm以上130cm未満	2
130cm以上150cm未満	1
150cm以上	2

この場合、120cm、140cm、160cmぐらいを代表値だと考え、平均を計算すると140cmであり、実際の平均値である151cmとは大きく異なる。

最後に、間隔尺度と比例尺度について述べる。例えば、200円は100円の2倍のお金であるという。また、10人は5人の2倍の人数であるという。

このように、間隔尺度の中で、基準である原点が定まることによって、比の値が数値として意味を持つものを比例尺度という（図4-1）。

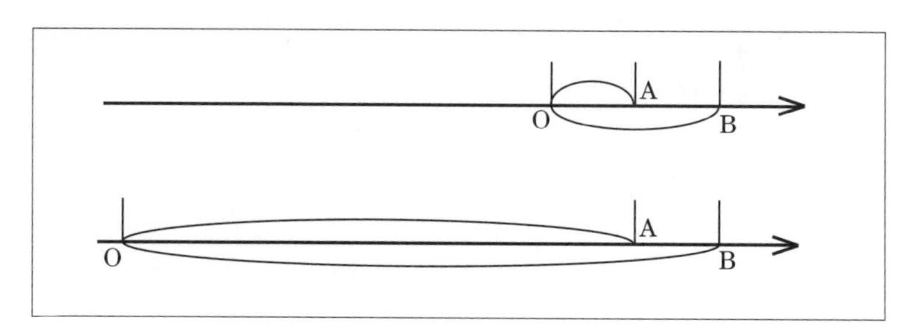

図4-1　基準点と長さの比

基準点が変われば比の値も変わる。

アンケートを集計する時は、順序尺度を間隔尺度として扱う場合もある。このように、データを処理する際には、間隔尺度であると仮定して分析することもある。その場合は、その仮定がどのような意味を持つのかを考慮しておくことが大事なことであろう。

4.2 クロス集計表

質的なデータを集計する方法の一つは表にすることである。例として次のような状況を考えてみよう。放送大学で放送授業を履修した場合には学期の最後に単位認定試験を受験する。放送授業は印刷教材と放送教材をもとに学習するが、教員は各回の学生がどのように勉強しているのかを把握することが難しい。試験問題は勉強しなくても点数が取れるような問題だったのか、それとも勉強しても取れないような問題だったのか。このことを考えるのに、表 4-2 のような表が得られているとしよう [1]。この表は「勉強したかどうか」と「単位が取れたかどうか」という 2 つの項目に注目してデータを集計したものである。このように 2 つ以上の複数の属性やカテゴリーに従ってデータを集計した表を**クロス集計表**（**クロス表、分割表**）という。今回の例を因果関係という点で考えると、合格するかどうかが**結果**で、勉強したかどうかが**原因**と考えることができる。このように因果関係を考える場合、原因の項目を行に、結果の項目を列としてクロス表を作成することが多い。

表 4-2　試験結果と勉強の有無のクロス表

	合格	不合格	合計
勉強した	100	50	150
勉強しなかった	25	25	50
合計	125	75	200

1） 数値は架空のもの。

クロス集計では各項目にどれだけの要素があるかによって、(行の数) × (列の数) クロス表という。この場合は 2 × 2 クロス表である。また、個々の行と列のことを**セル**という。またその度数を**観測度数**という。

各列の最後や各行の最後にはそれぞれの合計が表示されている。この欄を**周辺度数**といい、右下の 200 人は全体の合計を表している。この全体の合計を**全体度数**という。

このクロス表において、セルの割合 (**相対度数**) を考えると、分母を何にするかで行の周辺度数、列の周辺度数、全体度数の 3 種類が考えられる。表 4-3 は行と列の周辺度数による相対度数を計算した表である。左の表は、勉強した人の中で合格、不合格の割合、勉強しなかった人の中で合格、不合格の割合を表し、勉強した人の方が合格率が高いことがわかる。一方、右の表は合格、不合格の人の中で勉強した人の割合を表し、どちらも勉強した人の割合が多いことがわかる。このように何を基準にするかによって意味が異なるので、割合という場合に、何を分母にしているのかを頭に入れておくことが大切である。

表 4-3　クロス表の 2 種類の相対度数

	合格	不合格	合計
した	0.667	0.333	1.0
しない	0.5	0.5	1.0
合計	0.625	0.375	1.0

	合格	不合格	合計
した	0.8	0.667	0.75
しない	0.2	0.333	0.25
合計	1.0	1.0	1.0

4.3　多重クロス表

単位認定試験のクロス集計の例を示した。そこでは、勉強したかどうか、合格したかどうかという項目との関連について調べた。この集計に 40 歳未満と 40 歳以上という項目を追加した時にどうなるかを調べてみたとしよう (表 4-4)。このように複数の項目を用いて集計したクロス表

表 4-4　年齢を加えた 3 重クロス表

年齢	勉強／不勉強	合格	不合格	合計
40 歳未満	勉強した	98	47	145
	勉強しなかった	5	2	7
	合計	103	49	152
40 歳以上	勉強した	2	3	5
	勉強しなかった	20	23	43
	合計	22	26	48

を**多重クロス表**という。例として 3 重クロス表を考える。

行の周辺度数を基準にした相対度数を調べると次の表 4-5 のようになる。これを見ると 40 歳未満の人も以上の人も、勉強した人よりも勉強しない人の合格した人の割合が高くなっている。このように項目を追加し多重化したことによりそれが逆転してしまっている。このように精緻化することで全体と逆の現象になることを**シンプソンのパラドックス**という。

表 4-5　行を基準とした相対度数表

年齢	勉強／不勉強	合格	不合格	合計
40 歳未満	勉強した	0.676	0.324	1.0
	勉強しなかった	0.714	0.286	1.0
	合計	0.678	0.322	1.0
40 歳以上	勉強した	0.4	0.6	1.0
	勉強しなかった	0.465	0.535	1.0
	合計	0.458	0.542	1.0

4.4　クロス集計表の指標

例えば、行の相対度数では勉強した人の中で合格した人などの割合を表し、列の相対度数では、合格した人の中で勉強した人などの割合を表している。このように何を分母にするかで意味が異なり、目的に応じて使い分ける。

先ほどの例では試験問題について、「勉強したかどうか」ということと「合格したかどうか」の間に関連があるかどうかについて考えた。一般の 2×2 のクロス表で、2 つの項目の関連を調べる**指標**について考える（表 4-6）。

表 4-6　2 × 2 クロス表

x \ y		項目 2		
		y_1	y_2	合計
項目 1	x_1	a	b	$a+b$
	x_2	c	d	$c+d$
	合計	$a+c$	$b+d$	$a+b+c+d$

試験によって、勉強したかどうかを判定したい場合には勉強した人が合格し、勉強しなかった人が不合格になると試験として妥当であると考えることができる。つまり、a や d が多く、b、c が少ないことだろう。このように対角線にある度数の積である**クロス積の差** $ad-bc$ の値が正であれば正の関連があると考えることができる。一方、勉強しているのに不合格である人や勉強せずに合格する人が多いケースはこの科目で単位を取ることと勉強することに負の関連があるといえる（ただし、項目 x_i の並べる順番を変えると $cb-da=-(ad-bc)$ となり符号が変わることに注意）。

ここで、クロス表の積の差が 0 になるのは、$ad-bc=0$ より $a:b=c:d$ となる場合なので、x_1 の行の y_1 と y_2 の度数の比率と x_2 の行の y_1 と y_2 の度数の比率が等しくなる。つまり、勉強しようがしまいが、合格、不合格の割合は変わらないことになる。この時、x_1 と x_2 は独立と考えることができる（または、y_1 の列の x_1 と x_2 の度数の比率と y_2 の列の x_1 と x_2 の度数の比率が等しい）。このように、関連があるかどうかを調べるために、クロス積の差の符号は一つの判断材料になる。ただ、クロス積の値自体は、全体度数が大きくなれば大きくなる。そこで、代表的な指標としては、(積率) 相関係数のように取りうる範囲を調整した以下の2つの指標がある。

ファイ係数は次式で表される。

$$\phi = \frac{ad - bc}{\sqrt{(a+b)(c+d)(a+c)(b+d)}} \tag{4.1}$$

また**ユール係数**は

$$Q = \frac{ad - bc}{ad + bc} \tag{4.2}$$

で定義される。ファイ係数は x_i と y_i が2値として、式 (3.1) (3.2) より相関係数を計算することで導くことができる。クロス積の差が最大になるのは $bc = 0$ の時であるが、ファイ係数が1となるのは $b = c = 0$ の時である。$b = c = 0$ (または $a = d = 0$) の時を**完全関連**といい、$b = 0$、または $c = 0$ の時 (または $a = 0$ または $d = 0$) を**最大関連**という。一方、ユール係数は最大関連の時に最大になる。

次に、要素数が多い場合の指標として、クロス表の指標として χ^2 について考える。今、$m \times n$ クロス表が表 4-7 のように表されているとする。例えば、世代によって成績が異なるかどうかを調べるために、x_i としては20代、30代といった世代を、y_i としては成績の評価 Ⓐ、A、B、などをイメージしてみよう。この時、世代によって、成績の割合が違わなかったと仮定して、a_{ij} の値を予想してみよう。例えば、20代で Ⓐ の人数を予想すると、世代によって割合が同じならば、全体の中で Ⓐ を取った割合に20代の合計人数を掛けた値を予想値とするだろう。

すなわち a_{ij} の期待度数 $\hat{a}_{ij}$ は

$$\hat{a}_{ij} = \frac{a_{\cdot j}}{a_{\cdot\cdot}} \times a_{i\cdot} = \frac{a_{\cdot j} \cdot a_{i\cdot}}{a_{\cdot\cdot}} \tag{4.3}$$

と考えることができる。しかし、実際には測定される観測度数は期待度数と同じではないかもしれない。そこで観測度数と期待度数の差を2乗

表 4-7　$m \times n$ クロス表

x \ y		項目 2						
		y_1	y_2	$\cdots$	y_j	$\cdots$	y_n	合計
項目 1	x_1	a_{11}	a_{12}	$\cdots$	a_{1j}	$\cdots$	a_{1n}	$a_{1\cdot}$
	x_2	a_{21}	a_{22}	$\cdots$	a_{2j}	$\cdots$	a_{2n}	$a_{2\cdot}$
	$\vdots$	$\vdots$	$\vdots$		$\ddots$		$\vdots$	$\vdots$
	x_i	a_{i1}	a_{i2}	$\cdots$	a_{ij}	$\cdots$	a_{in}	$a_{i\cdot}$
	$\vdots$	$\vdots$	$\vdots$		$\ddots$		$\vdots$	$\vdots$
	x_m	a_{m1}	a_{m2}	$\cdots$	a_{mj}	$\cdots$	a_{mn}	$a_{m\cdot}$
	合計	$a_{\cdot 1}$	$a_{\cdot 2}$	$\cdots$	$a_{\cdot j}$	$\cdots$	$a_{\cdot n}$	$a_{\cdot\cdot}$

し、これを期待度数で割ったものをすべてのセルに対して合計したものをこのクロス表全体の**カイ 2 乗値**という。

$$\chi^2 = \sum_{i=1}^{m}\sum_{j=1}^{n} \frac{(a_{ij} - \hat{a}_{ij})^2}{\hat{a}_{ij}} \tag{4.4}$$

差を 2 乗したものを足しているので、この値が負の値になることはない。先ほどの例で考えてみると、もしこの値が 0 であれば、どの世代もそれぞれの成績の割合が同じであることになる。一方、この値が大きいほど世代によって違いがあると考えることができる。このように、カイ 2 乗値は値の大きさによって項目間の関連性を調べる指標として利用する。

4.5　R でのデータの集計

R でクロス集計表を作成するには `table` という関数を用いる。次のようなデータが `ch041.dat` という名前であるとする。

	study	result	age
1	勉強した	合格	40 歳未満
2	勉強した	不合格	40 歳未満
3	勉強した	合格	40 歳未満
4	勉強しなかった	合格	40 歳未満
5	勉強した	合格	40 歳未満
	⋮		

これを読み込んだ上で、table() という関数を用いるとクロス集計表を作ることができる。以下の例では、table() でクロス集計表を作り、その表に table1 という変数名をつけている。

```
> test1 <- read.table("ch041.dat",row.names=1,h=T)
> table1 <- table(test1$study,test1$result)
> table1


          合格  不合格
勉強した 100 50
勉強しなかった 25 25
```

さらに、addmargins() という関数を使うと作成した表に合計を追加することができる。

```
> table2 <- addmargins(table1)
> table2

          合格 不合格 Sum
勉強した 100 50 150
勉強しなかった 25 25 50
Sum 125 75 200
```

相対度数を計算する関数として、prop.table() 関数がある。R では行や列に対して計算の指示を行う関数があり、第 3 章で apply() について触れた。そこでは、行への命令か列への命令かを 1、2 で指定した。prop.table() も同様に、行の相対度数を求める場合には 1、列であれば 2 を指定する。何も指定しなければ合計に対する相対度数を計算する。

```
> prop.table(table1,1)

          合格 不合格
勉強した 0.6666667 0.3333333
勉強しなかった 0.5000000 0.5000000

> addmargins(prop.table(table1))

          合格 不合格 Sum
勉強した 0.500 0.250 0.750
勉強しなかった 0.125 0.125 0.250
Sum 0.625 0.375 1.000
```

4.6 データの型

Rでは、変数について何も指定しなくても自動的に判定してくれる。しかし、ファイルからデータを読み込むことが増えると自分の望んだとおりに判定してくれないケースも出てくるかもしれない。そこで、Rの変数の型について考える。

Rには変数として、**数値型**（numeric）、**文字列型**（character）、**論理型**（logical）の3種類がある。もう一つの型として**ファクター**(factor)という型がある。Rでは、型を確認するために、`str()`という関数が用意されている。

ファクターは文字列などのベクトルに、いくつかのカテゴリーに分類した情報を追加したものである。次のような例を考えてみよう。

```
> size1 <- c("S","M","L","M","XL","S","L")
> size1
[1] "S" "M" "L" "M" "XL" "S" "L"
> str(size1)
chr [1:7] "S" "M" "L" "M" "XL" "S" "L"
```

この7個の要素からなるベクトルは服のサイズのように4種類の値を持つ。`factor()`という関数を使うと、**水準**（level）と呼ばれる値を追加しデータをカテゴリーに分類する。

```
> size2 <- factor(size1)
> size2
[1] S M L M XL S L
Levels:  L M S XL
> str(size2)
Factor w/ 4 levels "L","M","S","XL":  3 2 1 2 4 3 1
```

水準は内部では数値として扱われ、アルファベット順などに従ってつけられている。そのため、この例のように実際に望むような順番にならないこともある。その場合には levels で明示的に指定することができる。size3 は size1 同様に "S"、"M"の値であり、次の結果は各文字列ではなく、水準のみが変わっていることを表している。

```
> size3 <- factor(size1,levels=c("S","M","L","XL"))
> str(size3)
Factor w/ 4 levels "S","M","L","XL":  1 2 3 2 4 1 3
```

ファクター型のオブジェクトに対して、関数 table() を用いると水準ごとに集計した 1 次元の表が得られる。データの要約結果を示す summary() という関数を用いても同様の結果が得られる。

```
> table(size2)
size
L M S XL
2 2 2 1
> summary(size2)
L M S XL
2 2 2 1
```

4.5 節で述べた例では、読み込んだデータはそれぞれファクター型のデータとして認識されている。これは read.table() という関数でデータを読み込む時に何も指定しなければ、文字列をファクター型で読み取るようになっているからである。もし文字列として読み込ませたい場合があれば（今回は必要ないが）stringsAsFactors = FALSE として読み込めばよい。

逆に数値型の場合には単に数値として読み取られてしまうことがある。その場合も str() で型を確認し、factor() とすることでファクター型に変換する。また、先ほどは勉強した、勉強しなかったということが書いてあったが、勉強した時間がわかっていて、ある時間以上であれば勉強した、そうでなければ勉強しなかったというように分けることもあるかもしれない。このように、自分でカテゴリー分けをする場合には cut() という関数がある。例えば、10 時間より多く勉強した人を勉強した（"Y"）、それ以下を勉強しなかった（"N"）に分ける場合には、次のように行う。

```
> sh <- c(0,3,15,15,10,8,12)
> cut(sh,breaks=c(min(sh)-1,10,max(sh)),
+ label=c("N","Y"))
[1] N N Y Y N N Y
Levels:  N Y
> cut(sh,breaks=c(min(sh),10,max(sh)+1),
+ label=c("N","Y"),right=F)
[1] N N Y Y Y N Y
Levels:  N Y
```

x という値を a から b までの区間で区切る時、$a < x \leqq b$ か $a \leqq x < b$ となるようにどちらか一方に等号が入る。省略された場合には `right=T` が既定値となる。最初の例では $-1 <$ `sh` $\leqq 10$、$10 <$ `sh` $\leqq 15$ で区切り、下の例は $0 \leqq$ `sh` < 10、$10 \leqq$ `sh` < 16 で分けている。

4.7 まとめ

今回はクロス集計について説明した。調べようとする状況の中には時として様々な要因が考えられる。その際、新たな変数を加えてより詳細な分析をしていくこともあれば、シンプソンのパラドックスが示すように最初に考えていた関係とは異なる関係が見えてくることもある。

また、R におけるデータの型について触れた。データを入力する場合には表計算ソフトのように見ながら行えると便利である。RStudio では右上の小窓（`Environment`）に表示されたオブジェクトをクリックするとデータを見ることができ、また、`fix()` でデータの修正を行うことができる。しかし、データの数が増えてくると目で十分に確認できない場合もある。第1章でも述べたように、表計算ソフトでも、書式設定で自動的に判定していることもある。データの概要や構造を確認する手段を身につけておくことも大事であろう。

参考文献

[1] 鄭躍軍、金明哲、“社会調査データ解析—R で学ぶデータサイエンス 17—”、金明哲・編、2011、共立出版

[2] 舟尾暢男、“The R Tips”、2009、オーム社

[3] Norman Matloff、“アート・オブ・R プログラミング”、大橋真也・監訳、木下哲也・訳、2012、オライリー・ジャパン

[4] 岩井紀子、保田時男、“調査データ分析の基礎”、2007、有斐閣

演習問題 4

【問題】

1)　1 章での例について考える。

```
> x <- c(195,190,140,120,110)
```

の時、表 4-1 を作成する手順を考えよ。

2)　prop.table() は sweep() という関数を用いている。sweep() は行列に対してある統計量を引くという処理を行う。例えば、x として 2×2 の行列だとする。その x に対して sweep(x,1,c(10,20)) とすると、行ごとに値を引くという命令になる。2 番目の引数の 1 は apply() と同様に 1 であれば行に、2 であれば列に対する命令を意味する。したがって、1 行目のそれぞれのデータから 10 を引き、2 行目のそれぞれのデータから 20 を引くという意味になる。c(10,20) を 10 と書くと、c(10,10) というようにベクトルの要素の数だけ同じ値を補完する。また、sweep() は引き算だけでなく、FUN=の後に演算子を指定することができる。例えば、FUN="/"とすれば割り算を意味する。そこで、prop.table() ではなく、sweep() を用いて相対度数のクロス表を求める方法を考えよ。

3)　多重クロス表を作成せよ。

解答

1)　例えば次のようにする（実際は 1 行で書いてもよい）。

```
> y <- cut(x,breaks=c(110,130,150,200),
+ label=c("110-130","130-150,"150-"),right=F)
> table(y)
```

2) 例えば次のようにする。

```
> sweep(table1,1,apply(table1,1,sum),FUN="/")
> sweep(table1,2,apply(table1,2,sum),FUN="/")
> table1/sum(table1)
```

または

```
> sweep(table2,1,table2[,3],FUN="/")
> sweep(table2,2,table2[3,],FUN="/")
> sweep(table2,1,table2[3,3],FUN="/")
```

3) 省略。

ふりかえり

1) 表にまとめる上で注意すべきことを整理しておこう。
2) 表計算ソフトに比べて複雑な計算を単純に行えるようになってきた。ここまでで理解する上で難しかったところはどこだろうか。

5 グラフの作成

《**概要**》データをグラフにすることによって、データの持つ特徴を視覚的に把握することができ、より多くの情報を得ることができる。しかし、一方でグラフの表現の違いによって、データに対して誤った理解が導かれてしまう可能性もある。ここでは、改めてグラフの種類について説明し、グラフを作成する上で気をつけるべき事柄について述べる。
《**学習目標**》
1）基本的なグラフの種類について理解する。
2）必要なグラフの要素について理解する。
3）適切なグラフに必要な要素を加えてグラフを描くことができる。
《**キーワード**》散布図、棒グラフ、円グラフ、折れ線グラフ、ヒストグラム

5.1 グラフ

ここでは R のグラフの作成について説明する。データをグラフにする目的は特徴を視覚的に捉えられるようにすることである。そのためには適切なグラフを選択することが必要である。そこで、代表的なグラフとして、散布図、円グラフ、棒グラフ、ヒストグラムについて説明する [1)]。

5.2 散布図

散布図（scatter plot）とはデータの 2 つの要素を縦軸・横軸上の点として表したものである。例えば身長と体重 (148,52) を、横軸に $x = 148$、縦軸に $y = 52$ としてグラフ上の点に表したものである。第 3 章で扱っ

1）以下の例で示した図は、R で作成したものをもとに、見やすくするための手直しを含んでいる。

た表を考えてみよう。散布図を描くには plot() という関数を用いる。plot(c(x_1,x_2),c(y_1,y_2)) とすると、点 (x_1,y_1)、(x_2,y_2) の点を描画する。そこで、第3章で取り込んだ表（表5-1）を描画することを考える。

表 5-1　身長と体重

氏名	身長	体重
A01	148	52
A02	152	54
A03	154	56
A04	158	58
A05	163	60

p.43 に示すように h1 という名前で取り込んでいるものとする。散布図を描くには plot() という関数を用いる。この関数は単に plot(h1) とするだけで図を作成してくれるが、それだけでなく多くのオプションを指定することができる。例えば、点の種類を指定する場合、何も指定しないと各点は白い点 (pch=1) としてプロットされる。それに対して pch=16 とすると白丸を黒く塗りつぶした点でプロットする。このように指定した番号によって三角形や×印などで表される。

この plot() という関数は1つのコマンドで新たな図を作成するが、グラフにはその後新たに点や線を付け加えることもある。この場合には追加で関数を用いる。この plot() のように新たに図を作成する関数を**高水準作図関数**といい、作成された図に付け加えるための関数を**低水準作図関数**という。例えば、points()、lines()、text() という関数は作成した図にそれぞれ点、線、文字を追加するものである。次の例は、まず plot() という関数において、type="n"で実際には点をプロットせずに枠だけを描画し、次に text で h1 の各座標に、h1 の行の名前 rownames(h1) をプロットするものである。

```
> plot(h1,type="n")
> text(h1,rownames(h1))
```

これを図示すると、図5-1のようになる。

3列以上の場合には2つの列の名前を指定する。h1のAという列を指定する場合にはh1$Aとする。この例の場合、plot(h1)は、plot(h1$A,h1$B)と同じ意味を表している。

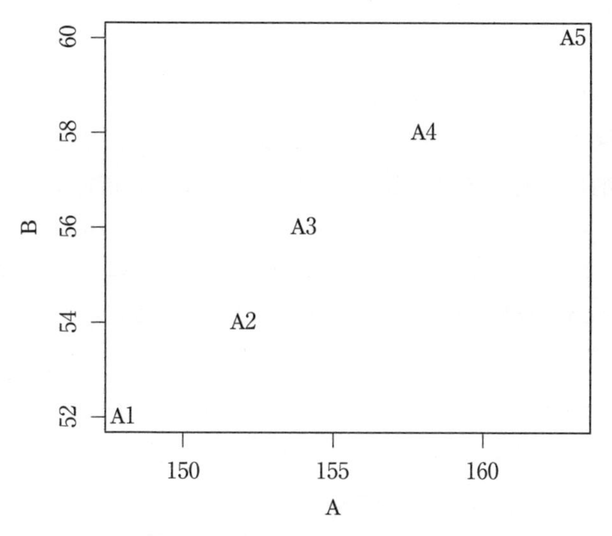

図5-1　表5-1をプロットした図

どの点かわかるように点を文字で表した。

また、text()でpos=1と1から4の値を指定すると、その点の上下左右の位置に文字を配置することができる。

図5-1のように、散布図はデータがどのように広がっているかなどの

特徴を表している。

この図以外にも、複数の種類の点や線が混じっている場合には、点や線が何を示しているかを知りたいことがあるだろう。このように図の中で点や線が示すものについての説明を**凡例**（legend）という。

こうした凡例の他に、図を作成する場合には、後から見て何のグラフかがわかるように以下の項目が記載されているかを確認しよう。

1）凡例
2）軸の値
3）軸のラベル（軸が何を示しているか）
4）図の見出し（タイトル）

ただし、作成した図を使ってレポートを書く場合などはこの印刷教材のように、図の見出しの代わりに**キャプション**として説明を書く場合もある。意図的に凡例を指定する場合には、次のように指定する。

```
> plot(h1,main="plot()",xlab="height",ylab="weight")
> legend(155,53,legend="e01.dat",pch=1)
```

ここで、`main` が図のタイトル、`xlab`、`ylab` はそれぞれ x 軸、y 軸のラベルである。凡例は `legend` という低水準作図関数を用いて描画する。上の例では、$x = 155$、$y = 53$ のところに、点のタイプ `pch=1` は`"e01.dat"` のデータであるということを示すために使っている。これを図示すると、図 5-2 のようになる。

また、R で折れ線グラフを描く場合には、`plot()` を用いる。`plot()` の中で `type="l"`とすると線のみ、`"b"`とすると点と線、`"o"`とすると点の上に線を上書きした形でプロットする。

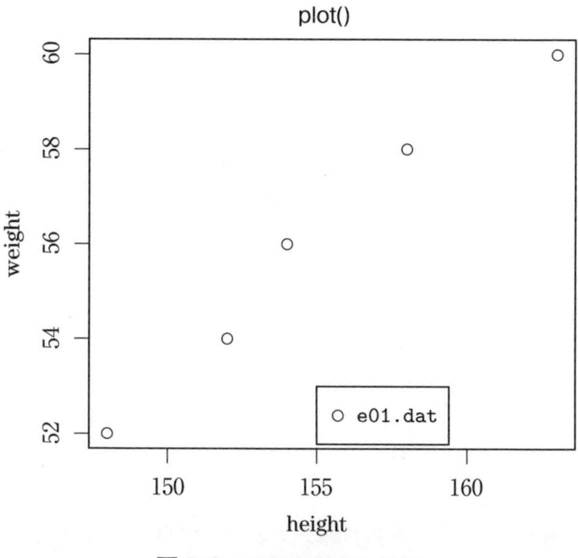

図 5-2　凡例を指定した図

```
> plot(h1,type="o")
```

これを図示すると、図 5-3 のようになる。

この時、データは順に線で結ぶことを前提に並んでいるものとする。このように、折れ線グラフはデータがどのように変化しているのかといったことを表す目的で用いられる。最初の点からの変化が大事なので、軸の値は必ずしも 0 から始まっているとは限らない。

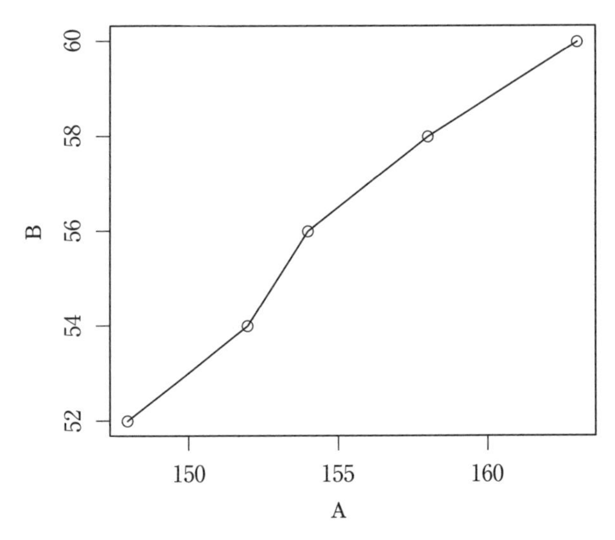

図 5-3　表 5-1 を折れ線グラフとしてプロットしたもの

5.3　ヒストグラム

データの数が多い場合に、データをある階級に分けて、その階級ごとに数を集計することがある。この時、この階級ごとの個数を**度数**（frequency）といい、全体の中で占める割合を**相対度数**（relative frequency）という。区間ごとの度数の蓄積を**累積度数**（cumulative frequency）、相対度数の蓄積を**累積相対度数**（cumulative relative frequency）という。また、階級ごとの度数（相対度数）を表す表のことを**度数分布**（frequency distribution）という。度数分布を棒グラフで表したものが**ヒストグラム**（histogram）である。

例として、ある科目の試験結果が表 5-2 の左のようになったとしよう。これを 5 点の幅で度数分布を作ると表 5-2 の右のようになる。

これを棒グラフで表したものが図 5-4 に示すようなヒストグラムであ

表 5-2　ある科目の得点一覧とその度数分布

30 人の得点一覧				
24	31	26	24	43
34	32	27	28	38
23	28	42	27	13
31	15	41	17	29
29	24	35	23	19
21	28	44	16	22

⇒

範囲	度数	累積度数
$10 < x \leq 15$	2	2
$15 < x \leq 20$	3	5
$20 < x \leq 25$	7	12
$25 < x \leq 30$	8	20
$30 < x \leq 35$	5	25
$35 < x \leq 40$	1	26
$40 < x \leq 45$	4	30

る。R では、hist(データ) とすると、自動的に度数分布を作成し、グラフを作成してくれる。例えば、表 5-2 の左のデータが ch053.dat という名前で次のようになっているとする。

```
A
24
31
26
⋮
```

これを次のように point として読み込み、

```
> point <- read.table("ch053.dat",h=T)
> hist(point$A)
```

とすれば、図 5-4 のようなグラフを作成してくれる。縦軸の Frequency は度数を表している。これを割合に変える場合には freq=F を加える。

```
> hist(point$A,freq=F)
```

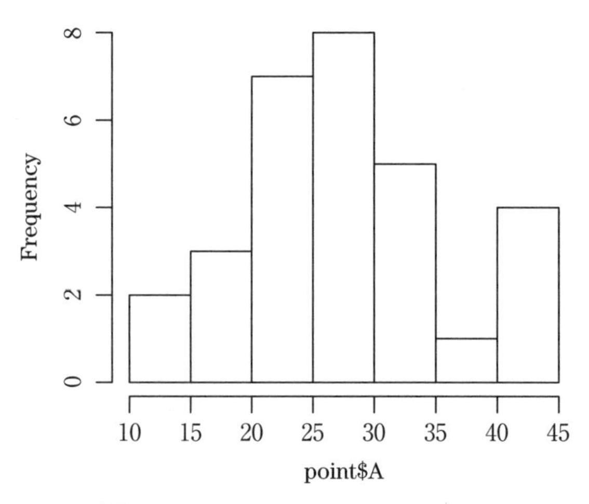

図 5-4　30 人の得点のヒストグラム

このようにヒストグラムは平均や分散だけではわからないデータの持つ特徴を表す。

5.4　円グラフ

円グラフ（pie chart）とは、全体の面積を 100（あるいは 1）として、各項目の表す割合を面積で表したものである。5.5 節で述べる棒グラフと同じようにデータを面積で表したものであるが、特に全体の割合を示す場合に使われることが多い。円であると、100%であれば 360 度になるので、10%であれば 36 度といったように、割合に応じて扇形の中心の角度を定めて円グラフを描画する。

そこで、R で円グラフを描いてみよう。次のようなデータがあるとする。

```
A freq
data1 0.067
data2 0.100
data3 0.233
data4 0.267
data5 0.167
data6 0.033
data7 0.133
```

これが ch052.dat というファイルであるとして、これを c1 という名前で取り込むものとする。

```
> c1 <- read.table("ch052.dat",h=T,row.names=1)
> pie(c1$freq,labels=rownames(c1),clockwise=T)
```

円グラフを描くには pie() という高水準作図関数を用いる。それぞれの項目が何を表しているのかを labels で指定している。clockwise=T は各項目を時計回りに描くことを意味している。指定しないと反時計回りとなる。これは次のようにしても同じである。

```
> c2 <- read.table("ch052.dat",h=T)
> pie(c2$freq,labels=c2$A,clockwise=T)
```

図示すると図 5-5 のようになる。

　このように、円グラフは項目が占める割合が面積に対応しており、直感的な理解が可能である。しかし、細かい値自体は比較しづらいという特徴がある。特に、3 次元にしてしまうと手前のものが大きく表示され

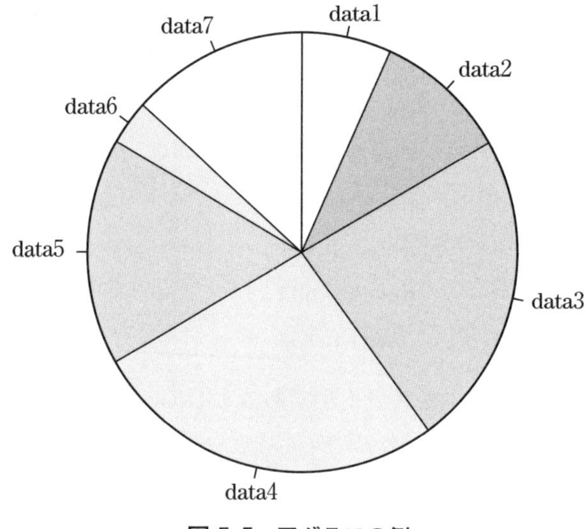

図 5-5 円グラフの例

ることにより、実際の値と異なった印象を与えてしまうことになる。

5.5 棒グラフ

棒グラフ（bar chart）は棒の長さによって値の大きさを表すグラフである。円グラフと同様に、項目ごとの値を比較したいという場合に用いる。図 5-5 の円グラフを棒グラフで表したものが図 5-6 である．円グラフよりも個々の値を比較しやすいことがわかるだろう。

R で棒グラフを描く場合には barplot() を用いる。先ほどの c1 を棒グラフで表すには、

```
> barplot(c1$freq,names=rownames(c1))
```

とする。

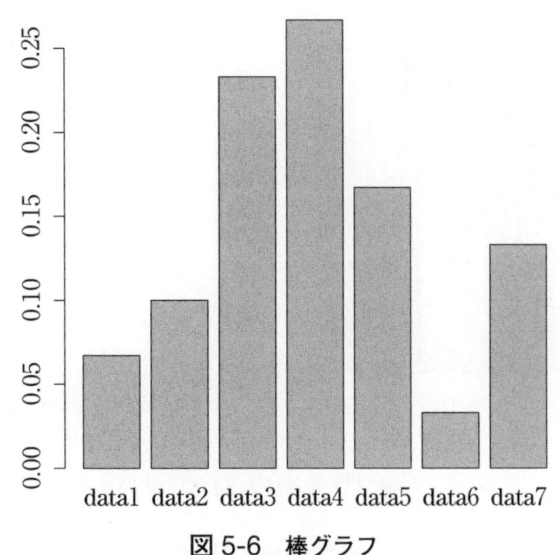

図 5-6　棒グラフ

データは円グラフのものと同じ。

棒グラフを作成する際、棒の方向は垂直に伸びる場合と水平に伸びる場合の両方が考えられるが、例えば垂直方向に伸ばす場合には縦軸 (y 軸) が数値を表すことになる。

ここで、棒グラフは数値の大きさを棒の長さで表すので、軸の値が 0 から始まらないと各項目の値と棒の長さが一致しない。特に途中の値を省略するとまったく異なった印象のグラフとなってしまうので注意が必要である。

棒グラフと折れ線グラフで表すことによって、まったく異なった印象を与えるデータがある。例えば、次のグラフ（図 5-7）は 2009 年 01 月から 2010 年 09 月までの人口のデータを棒グラフと折れ線グラフで表したものである（データについては総務省統計局「人口推計」より）。

これを見ると、棒グラフはほとんど変化していないように見える。一方、折れ線グラフは変化を表すものなので、全体的に減少傾向にあるこ

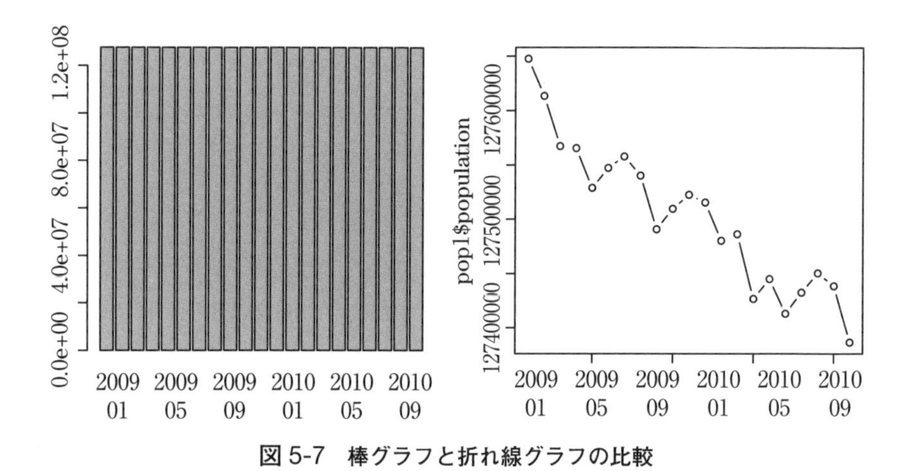

図 5-7　棒グラフと折れ線グラフの比較

とが見てとれる。実際には、棒グラフで表されるように、人口は全体の傾向としてはほとんど変化していない。このように y 軸の範囲をどうするかによってグラフの印象は異なる。グラフの読み取りや作成の時には気をつけた方がよいだろう。

5.6　関数の描画

今まではファイルからデータを読み込み、そのデータをもとにグラフを描画した。しかし、関数などを描画したいということもあるだろう。その場合には以下のように新しく関数を定義して plot を使って描くことができる。

```
> f1 <- function(x) 1/( 1+exp(-x) )
> plot( f1 )
```

または、curveを用いて

```
> curve( 1/( 1+exp(-x) ))
```

とすることもできる（結果については図14-4参照）。このcurveは高水準関数なので呼び出すと新たな図を描いてしまう。低水準関数のように作成したグラフに曲線を追加する場合は

```
> curve( 1/( 1+exp(-x) ),add=T)
```

とすればよい。

5.7　まとめと展望

まず、共分散を題材に、Rにおけるデータの扱いとグラフの作成について説明した。データのサイズが大きい場合も手順は同じである。少ない数のデータで何を計算しているのかということを理解し、その理解を踏まえて多量のデータを扱う時には、単純作業の繰り返しが得意なコンピュータに計算させればよい。

この章の主題はグラフについてであった。ただ、幾何的にきれいなグラフよりも、しっかりと相手にその意図が伝わるグラフを作成するべきである。グラフを作成する手順を順番に整理すると、

1）データを選ぶ
2）グラフの種類を選ぶ
3）軸の範囲、目盛を選ぶ

となろう。

本来コンピュータがない場合には、こうした作業を自分で考え、方眼

紙やノートに書いていた。コンピュータがグラフを作る時にも、単にコンピュータに任せるだけでなく少し仕上がりを意識してみるとよいだろう。特に、コンピュータを用いると、3D グラフのように見栄えのよいグラフが簡単にできる。しかし、そのような見栄えのよいグラフの中には見せたくないデータを隠し、伝えたいことだけをオーバーに見せる目的で作成されるものもあるので注意しよう。

図を誰かに見せる場合には、図だけで自分の意図がすべて伝わるわけではない。その特徴を、図だけでなく文章としてまとめておくという習慣も身につけておくとよいだろう。

参考文献

[1] 高階知巳、“プログラミング R　基礎からグラフィックスまで”、2008、オーム社
[2] 舟尾暢男、“The R Tips”、2009、オーム社
[3] Paul Murrell、“R グラフィックス”、久保拓弥・訳、2009、共立出版

演習問題 5

【問題】

1) 本文中に示した図について実際に図を作成せよ。
2) knitr で図を表示し、Word や HTML ファイルとしてレポートを作成せよ。
3) 図をファイルとして保存せよ。

解答

1) 省略。
2) R Markdown 内でテキストのコマンドを実行する。手順については第2章および放送教材を参照。
3) RStudio では Plots タブにある Export をクリックするとファイルを保存できる。

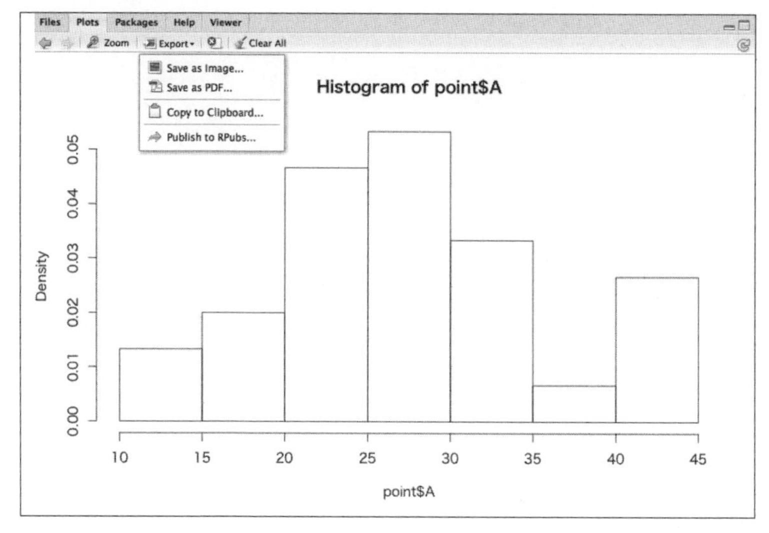

図 5-8　描画したファイルの保存

ふりかえり

1) RStudio でグラフを作成する手順をまとめておこう。
2) RStudio でグラフを作成する場合、表計算ソフトと比べて便利な点と不便な点はどんなところか考えてみよう。

6 検定

《概要》 この章では検定について説明する。検定はデータをもとに何か判断を下す場合の定量的な根拠となる。根拠を得るためには確率分布の知識が必要となる。そこで検定の考え方、確率分布について説明し、R でカイ 2 乗検定を行う手順を説明する。

《学習目標》

1）検定の考え方について理解する。
2）確率分布について理解する。
3）R を用いてカイ 2 乗検定を行える。

《キーワード》 仮説検定、帰無仮説、確率分布、カイ 2 乗検定

6.1 仮説検定

データ分析をする場合、調査したいと思う対象に対して、その集合全体（**母集団**）のデータが利用できるとは限らず、ランダムに抽出されたデータを用いることになる。この時、抽出されたデータを**標本**（サンプル）という。

そして、この標本をもとに、平均などの統計的な値を計算し、母集団の傾向を探したり、何らかの判断を下したりする。**検定**は、データを根拠に判定を行うために用いられる。そして、以下に述べるような**仮説検定**が行われる。

例えば、コイントスを複数回行い、すべて表が出たとする。そして、「本来、コイントスは表と裏が同じ確率で出るはずなのに、今回の結果は

おかしい」と思うだろう。

その場合、今回行った回数で、すべて表になる確率を調べる。もし、その結果、確率が0.05といった事前に決めた値よりも小さければ、「誤差ではなく、統計的に意味のある水準で、このコイントスは表と裏が同じ確率で起きないといえる」という判断を下す。

この手順をもう少し詳細に考えてみよう。まず検定するために仮説を立てる。仮説検定を行うために立てる仮説を**帰無仮説**という。帰無仮説は棄却されることを想定して立てた仮説であり、自分が示したいことでない場合のことを仮定している。

そして、この帰無仮説に基づいて、自分が調べたい事柄が起こる確率を調べる。その確率（**p 値**）を求める。p 値を求めるためには、データからある値を計算する。データから統計学的な手順で計算した量を**統計量**という。検定をするために求める統計量を**検定統計量**という。

求めた p 値を**有意水準**と呼ばれる判断基準と比較する。その有意水準よりも低い確率であれば、帰無仮説のもとでは滅多に起こらないことだと考え、仮説を**棄却**する。帰無仮説に対立する仮説を**対立仮説**といい、帰無仮説を棄却することで対立仮説が採択される。

ここで注意しておかなければいけないことは、仮説検定が棄却された場合であっても、対立仮説が必ず正しいというわけではないことである。コイントスの例で、仮説検定が棄却されたという場合でも、実は表裏が同じ確率で出るにも関わらず、偶然表が出続けてしまっただけかもしれない。帰無仮説が正しいにも関わらず棄却してしまう誤りを**第１種の過誤**という。

一方、求めた確率が有意水準より高い場合を考えてみよう。起こる確率を計算したら10%という結果になったとする。20回に1回以下の珍しさとはいえないにしても、10回に1回も珍しい出来事である。この場合に、ここで判断されるのは「これだけの確率で統計的に有意であるとはいえない」ということであって、コインが正確であると証明されたわけではない。そして、その場合も、本来はコイントスで表が高く出るはずなのに、そうならなかっただけかもしれない。このように帰無仮説を棄却しなかったことが間違いである場合もある。これを**第 2 種の過誤**という（表 6-1）。

表 6-1　第 1 種の過誤と第 2 種の過誤

		実際の状態（帰無仮説が）	
		正しい	間違っている
帰無仮説	棄却	第 1 種の過誤（α）	正しい判定
	棄却しない	正しい判定	第 2 種の過誤

第 1 種の過誤を起こさないようにするために有意水準を小さくすれば、帰無仮説が棄却されないケースが増え、第 2 種の過誤が起きる可能性も増える。そこで、通常、第 1 種の過誤が起きないことを優先し有意水準を低く設定する。5% や 1% などが用いられる。

　検定のプロセスを振り返ると次のようになる。

1）起きた事柄について帰無仮説を立てる。

2）帰無仮説にはある統計モデルがあり、標本データから計算した検定統計量から起こる確率を計算する。

3）事前に決めた有意水準に基づき判断を下す。

という手順で行う。

　検定手法には様々な方法があり、R にも検定のための多くの関数がある。どの検定を行うかを決めてしまえば、その関数の使い方さえ間違えなければ、どんな複雑な計算でも、確率を求めることができる。

6.2 確率分布

検定する場合にはデータから検定統計量を計算し確率を求める。確率が求まるということは検定統計量と確率を対応づけるモデルがあるということである。そこで、確率分布について簡単に振り返っておこう。

ある変数 X が確率と対応づけられる時、X を**確率変数**という。ある回数だけコイントスを行い、表が出た回数を調べるという場合のように、X は飛び飛びの値を取ることもあれば連続的な値を取ることもある。そして、確率変数と確率との対応を**確率分布**という。例えば、表が出る確率が p である時、n 回コイントスを行った時に表が出る回数は 2 項分布

$$P(X=k) \quad = \quad {}_nC_k p^k (1-p)^{n-k} \tag{6.1}$$

で表すことができる。この確率分布は、n と p の値によって決まる。このように確率分布を特徴づける量を**母数**（パラメータ）という。$n=5$、$p=\frac{1}{2}$ の時の確率分布は

表の出る回数	0	1	2	3	4	5
確率	$\frac{1}{32}$	$\frac{5}{32}$	$\frac{10}{32}$	$\frac{10}{32}$	$\frac{5}{32}$	$\frac{1}{32}$

となる。

身長や時間など、確率変数 X の値が連続的な値を取る場合もある。例えば身長を測定することを考えよう。身長が 160cm という場合、160.000 $\cdots$ のようにより精度を高めて測ることができれば、ちょうど 160.0cm である確率は小さくなっていく。そして、160cm である確率ではなく、159.9cm から 160.1cm というように、ある範囲にある確率という形で計算される。

このように確率変数が連続の値を取る場合、$a \leqq X \leqq b$ である確率を

$$P(a \leqq X \leqq b) \quad = \quad \int_a^b f(t)dt \tag{6.2}$$

という形で表す時、$f(x)$ を**確率密度関数**と呼ぶ。また、

$$F(x) \quad = \quad P(X \leqq x) = \int_{-\infty}^x f(t)dt \tag{6.3}$$

で表される関数を**分布関数**という。

例えば、平均 μ、分散 σ^2 である正規分布（これを $N(\mu, \sigma^2)$ と書く）の確率密度関数は次のように表される。

$$f(x) \quad = \quad \frac{1}{\sqrt{2\pi\sigma^2}} \exp(-\frac{(x-\mu)^2}{2\sigma^2}) \tag{6.4}$$

$N(0,1)$ を特に**標準正規分布**という。例えば、確率変数が標準正規分布に従う時、$X \leqq 2$ となる確率 $P(X \leqq 2)$ は

$$P(X \leqq 2) \quad = \quad \int_{-\infty}^2 \frac{1}{\sqrt{2\pi}} \exp(-\frac{t^2}{2})dt \tag{6.5}$$

によって計算される。これは初等関数で表せないため数値計算によって計算される。

6.3　代表的な確率分布

検定を行う場合には、関数を用いて行い、手で計算することはほとんどない。R には確率分布に関して表 6-2 に示すような 4 種類の関数がある。

これを用いると、図 6-1 に示す灰色の部分の面積は $P(X \leqq 2) = 0.9772499$ と求めることができる。また、$P(X > 2) = 1 - P(X \leqq 2) = 0.02275013$。または $P(|X| > 2) = 0.04550026$ となる。

表 6-2　正規分布に関する関数

関数名	説明
dnorm()	確率密度関数、関数を描画する時に用いる。 dnorm(x,0,1) で標準正規分布 $N(0,1)$。
pnorm()	分布関数の値。
qnorm()	確率点。
rnorm()	rnorm(100,0,1)　標準正規乱数を 100 個。

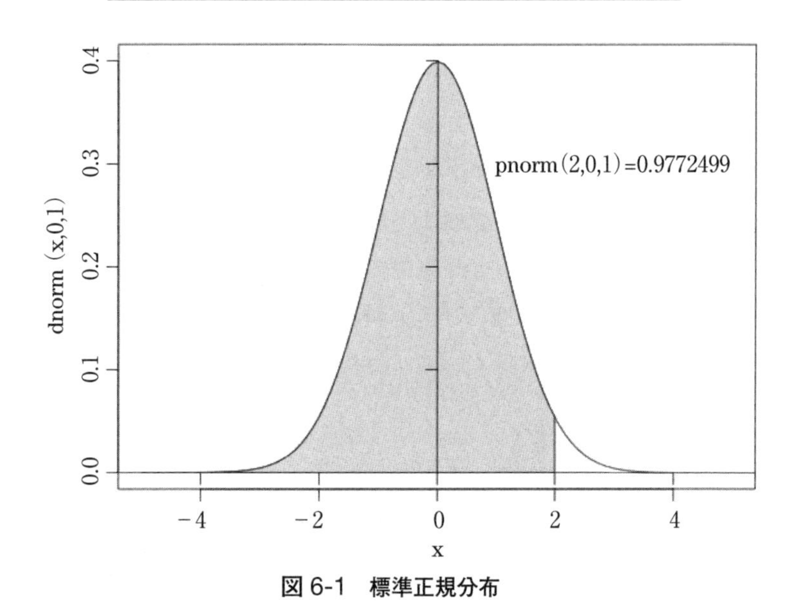

図 6-1　標準正規分布

正規分布以外にも様々な関数がある。主なものを表 6-3 に示す。用途に応じて関数名の前に d、p、q、r をつけて用いる。接頭辞の意味は正規分布における意味と同じである。2 段目に使用例を示す。

母集団から抽出する標本データが 1 つだけということはあまりなく、通常は何個かのデータを取り出す。そこで、N 個のデータを取り出すことを考えよう。データを取り出す場合、各回の抽出によって、他の回の

表 6-3　主な確率分布

関数名	説明、母数
binom	2 項分布（離散）　　自由度 size,p
	例 dbinom(1:10,size=10,p=0.4)
chisq	カイ 2 乗分布（連続）自由度 df
	例 dchisq(x,df=2)
f	F 分布　　　　　自由度（連続） df1,df2
	例 df(x,df1=2,df2=3)
t	t 分布（連続）　　自由度 df
	例 dt(x,df=2)
unif	一様分布（連続）　　自由度 min,max
	例 runif(x,min=0,max=1)

影響を受けることも、与えることもなく、各回は独立していると考え、N 個の確率変数 X_i $(i = 1, 2, \cdots, N)$ がそれぞれ独立に同一の正規分布に従うとする。まず、標準正規分布 $N(0, 1)$ に従う確率変数の 2 乗 X_i^2 は自由度 1 の**カイ 2 乗分布**に従う。そして N 個の 2 乗和 $\displaystyle\sum_{i=1}^{N} X_i^2$ は自由度 N のカイ 2 乗分布 $\chi(N)$ に従う。

次に正規分布に従う N 個の確率変数 X_i から計算される

$$\bar{X}_N = \frac{1}{N}\sum_{i=1}^{N} X_i \quad , \quad \bar{V}_N^2 = \frac{1}{N-1}\sum_{i=1}^{N}(X_i - \bar{X}_N)^2$$

を用いて計算される統計量 T

$$T = \frac{\bar{X}_N - \mu}{\bar{V}_N/\sqrt{N}} = \frac{\sqrt{N}(\bar{X}_N - \mu)}{\bar{V}_N} \qquad (6.6)$$

の分布は **t 分布**になる。対応のある 2 つの母集団における平均の検定など（t 検定）に用いられる。

また、自由度 M、N の 2 つのカイ 2 乗分布から取り出したデータ U_M、

V_N から作られる 2 つの値 U_M/M と V_N/N の比は自由度 M、N の**F分布**に従う。したがって、それぞれ異なる正規分布 $(N(\mu_1, \sigma_1^2)$、$N(\mu_2, \sigma_2^2))$ に従う 2 つの母集団から、それぞれ M 個、N 個のデータ $X_i(i = 1, 2, \cdots, M)$、$Y_j(j = 1, 2, \cdots, N)$ を取り出した時、まず

$$\bar{X}_M = \frac{1}{M}\sum_{i=1}^{M} X_i \quad , \quad \bar{S}_M = \frac{1}{M-1}\sum_{i=1}^{M}(X_i - \bar{X}_M)^2$$
$$\bar{Y}_N = \frac{1}{N}\sum_{j=1}^{N} Y_j \quad , \quad \bar{S}_N = \frac{1}{N-1}\sum_{j=1}^{N}(Y_j - \bar{Y}_N)^2$$

はそれぞれ自由度 $M-1$、$N-1$ のカイ 2 乗分布に従う。さらに、これらを用いて計算される

$$F = \frac{\frac{\bar{S}_M}{\sigma_1}}{\frac{\bar{S}_N}{\sigma_2}} \tag{6.7}$$

は自由度 $M-1$、$N-1$ の F 分布に従う。F 分布は等分散性や分散分析といった F 検定に用いられる。

カイ 2 乗分布、t 分布、F 分布のグラフを図 6-2 に示す。

6.4 カイ 2 乗検定

乱数を用いて積分の解を求めるなどの数値計算やシミュレーションを行うことを**モンテカルロ法**という。そこで、擬似乱数を用いて、第 4 章で扱ったクロス表の検定について考える。

それぞれが標準正規分布に従う時、その 2 乗和の分布はカイ 2 乗分布になった。クロス表で n 種類の個数 O_i に対して、それぞれの理論値が E_i であるとすると、$\displaystyle\sum_{i=1}^{n}\frac{(O_i - E_i)^2}{E_i}$ は近似的にカイ 2 乗分布に従うこと

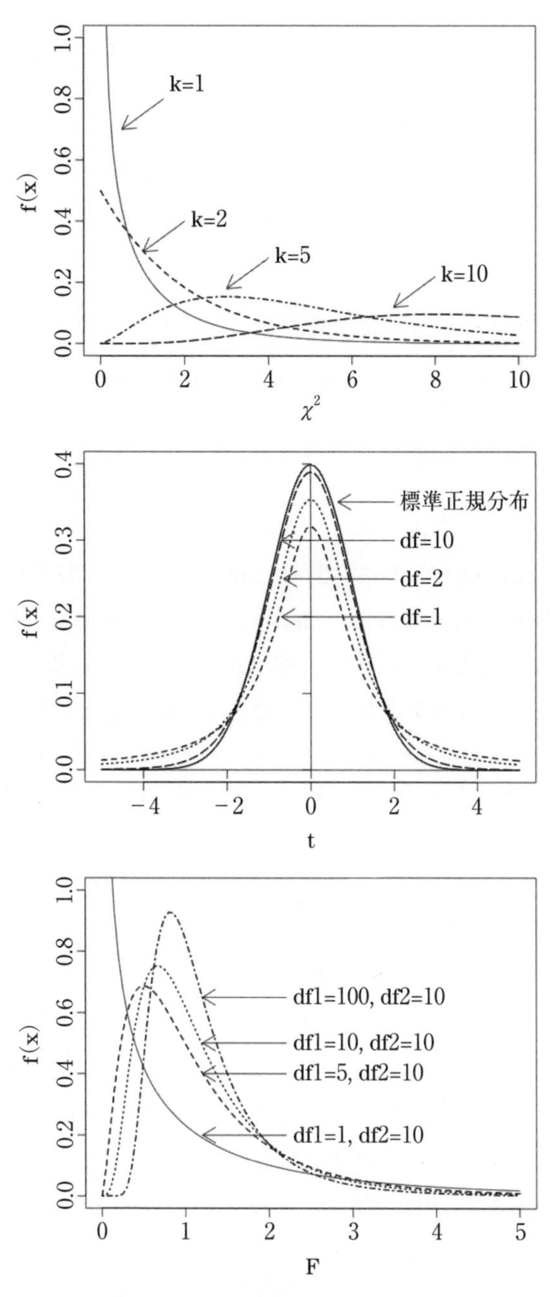

図 6-2　カイ 2 乗分布、t 分布、F 分布

が知られている。そこで、次のようなクロス表を考えてみよう。下が理論値である。

	A	B	C	D	合計
O_i	45	25	22	8	100
E_i	40	30	20	10	100

観測値がこのようになる確率を計算してみると、カイ 2 乗の値は

$$\begin{aligned}\chi^2 &= \frac{(45-40)^2}{40}+\frac{(25-30)^2}{30}+\frac{(22-20)^2}{20}+\frac{(8-10)^2}{10}\\ &= 2.058333\end{aligned}$$

であり、この場合、自由度は $4-1=3$ となるので、R で pchisq() を用いると、1-pchisq(2.05833,3)=0.5603882 から確率が 0.56 と求められる。これを R で行う時には、chisq.test() を用いる。行のベクトルを c() で囲み、入力する。また、確率がわかっている場合には、p=c() で入力する。R ではベクトルを定数で割ると成分ごとに割り算をする。

```
> chisq.test(c(45,25,22,8),p=c(40,30,20,10)/100)


        Chi-squared test for given probabilities


data:  c(45, 25, 22, 8)
X-squared = 2.0583, df = 3, p-value = 0.5604
```

この動作をシミュレーションで確認してみよう。runif() は 0 から 1 までの一様乱数を発生する関数である。引数として発生させる個数を渡す。乱数を発生させ、出た値が 0〜0.4、0.4〜0.7、0.7〜0.9、0.9〜 によっ

て、1、2、3、4 という値を出力するようにする。

条件分岐のための関数 ifelse(P,A,B) は P という条件を調べ、それが真であれば A、そうでなければ B となる。B をさらに入れ子にしていけば、上のような条件を表現することもできる。次のようにして、100 人の人数を 4 グループに分け、カイ 2 乗値を計算する。

```
> x <- runif(100)
> y <- ifelse(x<0.4,1,ifelse(x<0.7,2,
        ifelse(x<0.9,3,4)))
> z1 <- table(y)
> z2 <- c(40,30,20,10)
> z3 <- ( z1-z2 )^ 2
> sum(z3/z2)
```

このような計算を何度も繰り返して得られたカイ 2 乗値についてヒストグラムを描くことにしよう。うまく動作することを確認できたら、RStudio で File メニューから New File → R Script を選ぶ。すると、図 6-3 のようにコンソールの上に knitr と同じように編集用小窓が現れるので、そこにプログラムを書く。

このようにして、図 6-3 左上に示すようなプログラムを作成する。これは ite の数だけ繰り返し、カイ 2 乗の値を出力する。擬似乱数で計算されると毎回同じ値になるわけではない。場合によっては割り当てが 0 になることもある。

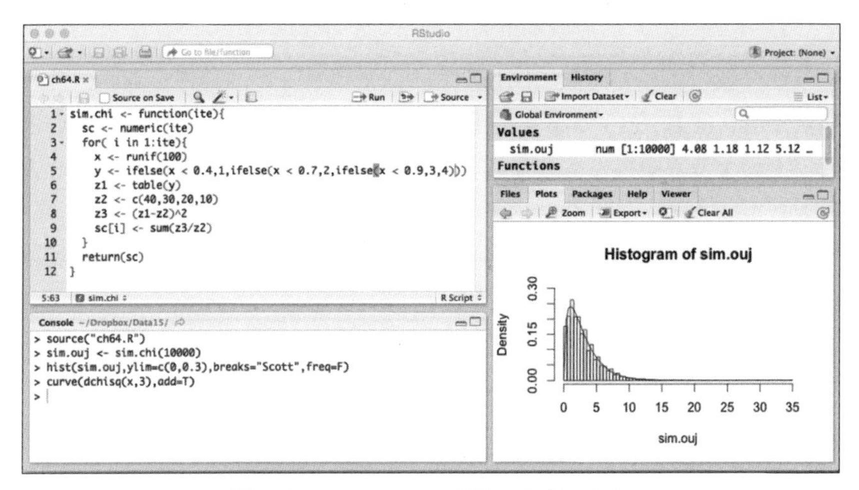

図 6-3　RStudio での関数の作成と実行

```
> source("ch64,R")
> sim.ouj<- sim.chi(10000)
> hist(sim.ouj,ylim=c(0,0.3),breaks="Scott",freq=F)
> curve(dchisq(x,3),add=T)
```

上のコマンドでは、ヒストグラムを描き、最後に確率密度関数を重ねて描いたものである。何度も繰り返す中には、確率の低い事象も起きる。結果として理論のグラフとよく一致したヒストグラムができていることがわかる（図 6-3）。

6.4 節で行ったカイ 2 乗検定のように少し面倒な計算も R の検定の関数を用いると、有意水準と比較する p 値を計算してくれる。R で代表的な関数を表 6-4 に示す。

使い方に関してはヘルプがあり、また使用例も example(chisq.test)

表 6-4　主な検定の関数

関数名	検定名
binom.test	2 項検定
chisq.test	Pearson のカイ 2 乗検定
cor.test	相関検定
kraskal.test	Kraskal-Walils のランク和検定
mcnemar.test	McNemar 検定
prop.test	比率の検定
t.test	t 検定
var.test	F 検定
wilcox.test	Wilcoxon のランク和検定

のように exmaple() で確認することができる。

6.5　まとめと展望

検定の考え方について述べた。また R を用いて理解を試すための方法について述べた。近年は学術研究の分野において有意差検定の利用について見直す議論が多いが、統計分布を知っておくことは意味があるし、こうした分布について R で実際に演習を行うことは理解を深める上で有効であろうと思う。この章で用いた R のプログラムについてはスペースの関係でコメントや説明を省略したところがある。実際のプログラムがデータと併せて講義用 Web サイトにあるので、そちらで確認してほしい。

参考文献

[1] 永田靖、“統計的方法のしくみ—正しく理解するための 30 の急所”、1996、日科技連出版社

[2] G. K. カンジ、“「逆」引き統計学　実践統計テスト 100”、池谷裕二、久我奈穂子・訳、2009、講談社

[3] Maria L. Rizzo、“R による計算機統計学”、石井一夫、村田真樹・訳、2011、オーム社

演習問題 6

【問題】

0から1までの一様乱数を2個発生させ、それを(x, y)の座標とする。この点が、面積が1の正方形の中を一様にランダムに動く。もし$x^2+y^2<1$であれば、原点を中心とした扇形の中に入っていると考えることができる。これを複数回繰り返すと扇形の中に含まれる確率は扇形の面積$\pi/4$に一致する。それは次のように行うことができる。実際に確認してみよ。

```
> x <- runif(1000)
> y <- runif(1000)
> z <- cbind(x,y)
> P1 <- apply(z*z,1,sum)
> P2 <- ifelse(P1 < 1,1,0)
> sum(P2)/1000
```

解答

省略。

ふりかえり

1) 連続型の確率分布のグラフを描いて、pnorm() 等の関数を用いて面積を計算してみよう。
2) rnorm() など様々な乱数の関数を用いて自分で決めた個数の乱数を発生させてヒストグラムを描いてみよう。
3) 今回のシミュレーションによって得られた検定に対するイメージに変化はあったか。

7 回帰分析

《概要》ここでは、回帰分析について扱う。変数の関係を調べる際にまず直線で対応関係を考える。回帰分析とはデータの中のある値を他の変数の重みつきの線形結合によって表現しようとする方法である。そこでの導出を理解することは他の分析にも有効である。そこで、ここでは少し数式が多くなるが、何を計算しているかを中心に理解してほしい。

《学習目標》

1) 回帰分析の計算の手順について理解する。
2) 回帰分析に関する指標について理解する。
3) R を用いて実際に回帰分析を行えるようになる。

《キーワード》回帰係数、目的変数、説明変数、最小 2 乗法

7.1 回帰分析

回帰分析（regression analysis）とは、求めたい値をその他の値を用いて表そうとする方法のことである。例えば、ある人の身長を聞けば、その人が標準的な体型ならば、その人の体重をある程度の精度で予測することができるだろう。これは、身長の値を使って体重を表す式を求めていることになる。これが回帰直線である。この時、身長だけといったように 1 つの変数で表そうとするものを**単回帰分析**といい、2 つ以上の説明変数を用いる場合を**重回帰分析**（multiple regression analysis）という。

第 5 章で述べた身長と体重のデータを見てみよう。これは図 7-1 のように表すことができる。このように点はほぼ一直線上に並んでいる。

このような特徴がある人が多くいたら、身長の値を教えてもらうだけ

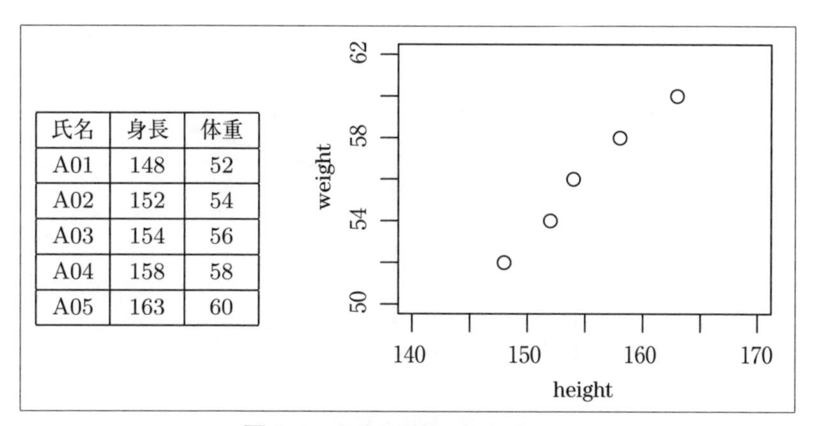

氏名	身長	体重
A01	148	52
A02	152	54
A03	154	56
A04	158	58
A05	163	60

図 7-1　身長と体重の表とグラフ

で、その人の体重を求めることができると考えることができるだろう。そのためには、身長 X cm、体重 Y kg に対して、

$$Y = aX + b \tag{7.1}$$

となるような a、b を求める。

ここで、この身長 X の値を**説明変数**（explanatory variable）といい、体重 Y のことを**目的変数**（response variable）という。回帰分析とは説明変数を用いて目的変数を説明できるような直線（一般には超平面）の式を求めることである。このような直線とは、すべてのデータの特徴を表す式であると考えることもできる。

さて、図 7-2 のように N 個の観測したデータの組

$$(x^{(1)}, y^{(1)}), \cdots, (x^{(p)}, y^{(p)}), \cdots, (x^{(N)}, y^{(N)})$$

があるとしよう。$x^{(1)}$ をもとに計算した $ax^{(1)} + b$ が $y^{(1)}$ の値と近ければよい。そこで、実際の値 $y^{(1)}$ との違いである長さが最小となるように a、b を求めてみよう。

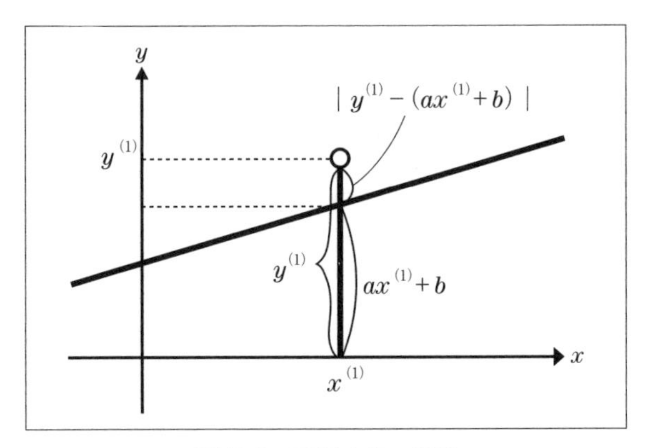

図 7-2　回帰直線の計算

それぞれの差を 2 乗して足し合わせると、

$$
\begin{aligned}
E &= \left(y^{(1)} - (ax^{(1)} + b)\right)^2 + \left(y^{(2)} - (ax^{(2)} + b)\right)^2 \\
&\quad + \cdots + \left(y^{(N)} - (ax^{(N)} + b)\right)^2 \\
&= \sum_{p=1}^{N} \left(y^{(p)} - (ax^{(p)} + b)\right)^2 \qquad (7.2)
\end{aligned}
$$

として、これが最小になる a、b を求める。このように 2 乗の和を最小にすることによって、a、b を求める方法を**最小 2 乗法**という。

では、これを実際に計算してみよう。そのために 式 (7.2) をそれぞれ a、b で偏微分すると

$$
\sum_{p=1}^{N} \left(y^{(p)} - ax^{(p)} - b\right) x^{(p)} = 0 \qquad (7.3)
$$

$$
\sum_{p=1}^{N} \left(y^{(p)} - ax^{(p)} - b\right) = 0 \qquad (7.4)
$$

となる。式 (7.4) を N で割ると、

$$\mu_y - (a\mu_x + b) \;=\; 0 \tag{7.5}$$

である。したがって、回帰直線はそれぞれの平均を通る直線

$$y - \mu_y \;=\; a(x - \mu_x) \tag{7.6}$$

であることがわかる。そこで、すべての点を中心化して

$$\begin{aligned} x^{(p)'} &= x^{(p)} - \mu_x \\ y^{(p)'} &= y^{(p)} - \mu_y \end{aligned}$$

とすると、先ほどの式 (7.2) は

$$E \;=\; \sum_{p=1}^{N} \left(y^{(p)'} - a x^{(p)'} \right)^2 \tag{7.7}$$

であり、これを a で偏微分すると、

$$0 \;=\; \sum_{p=1}^{N} \left(y^{(p)'} - a x^{(p)'} \right) x^{(p)'} \tag{7.8}$$

となり、これを計算して $N-1$ で割ると、

$$s_{xy} - a s_{xx} = 0 \tag{7.9}$$

と表せる。ここで、s_{xy} は x と y の共分散、s_{xx} は x の分散 σ_x^2 を意味する。これより、$s_{xx} \neq 0$ であれば、最終的に式 (7.5) と式 (7.9) の連立方程式を解くことができる。ここで、$s_{xx} = 0$ とは分散が 0 ということであるから、N 個の $x^{(p)}$ がどれも同じ値であることを意味している。もし、それぞれの $y^{(p)}$ の値が異なるとすると、同じ入力を入れているのに出力が違うということを意味する。通常はこのような場合に y を予測す

ることがないので $s_{xx} \neq 0$ として考えればよい。

連立方程式を解くと、

$$a = \frac{s_{xy}}{s_{xx}} \quad , \quad b = -\frac{s_{xy}}{s_{xx}}\mu_x + \mu_y \tag{7.10}$$

と求めることができる。

これを図 7-1 の値で計算すると、$a = 0.5455$、$b = -28.5455$ となり、その結果を図示すると図 7-3 のようになる。

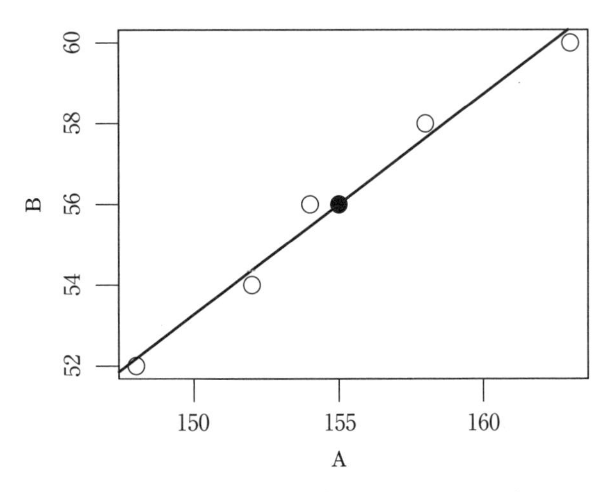

図 7-3　身長と体重のデータとその回帰直線

黒い点はそれぞれの平均値。

さて、データが与えられた時に、目的変数を説明変数を使って表す式を求めた。最終的な結果を見ると x、y の平均と分散、共分散がわかれば値を求めることができた。式 (7.1) と式 (7.5) を見てみよう。

$$Y = aX + b \quad , \quad \mu_y = a\mu_x + b$$

となるので、これは x、y の平均値が求める直線の上にあることを示し

ている。したがって、回帰直線はそれぞれの平均を通る直線

$$Y - \mu_y \;=\; a(X - \mu_x) \tag{7.11}$$

の傾き a を、それぞれの分散、共分散をもとに求めたということになる。

7.2　重回帰分析

これを一般化すると、r 個の説明変数の場合、y を求める式は

$$y \;=\; a_1x_1 + a_2x_2 + \cdots + a_rx_r + b = \sum_{i=1}^{r} a_ix_i + b \tag{7.12}$$

と書くことができる。この式は個々の変数 x_i の 1 次式で表されている。これを**線形結合**という。また、この係数 a_1、a_2、$\cdots$、a_r を**偏回帰係数**という。

ここでは、偏回帰係数を N 個のデータ

$$(x_1^{(1)}, x_2^{(1)}, \cdots, x_r^{(1)}), (x_1^{(2)}, x_2^{(2)}, \cdots, x_r^{(2)}), \cdots, (x_1^{(N)}, x_2^{(N)}, \cdots, x_r^{(N)})$$

から求める。今、求めたい変数の数は、a_i および b の数で $r+1$ 個である。これを N 個の数から求めるので、N が r より小さいと係数を求めることができない。そこで、N の数は r に比べて十分に大きいものとする。

こうした条件のもとで単回帰の時と同様に計算すると、最終的に

$$\begin{aligned} s_{1y} &= s_{11}a_1 + s_{12}a_2 + \cdots + s_{1r}a_r \\ s_{2y} &= s_{21}a_1 + s_{22}a_2 + \cdots + s_{2r}a_r \\ &\cdots \\ s_{ry} &= s_{r1}a_1 + s_{r2}a_2 + \cdots + s_{rr}a_r \end{aligned} \tag{7.13}$$

$$b \;=\; \mu_y - (a_1\mu_1 + a_2\mu_2 + \cdots a_r\mu_r) \tag{7.14}$$

という連立方程式が得られる。これを**正規方程式**（normal equation）という。行列の形でまとめると、

$$\begin{pmatrix} s_{11} & s_{12} & \cdots & s_{1r} \\ s_{21} & s_{22} & \cdots & s_{2r} \\ \vdots & \vdots & \ddots & \vdots \\ s_{r1} & s_{r2} & \cdots & s_{rr} \end{pmatrix} \begin{pmatrix} a_1 \\ \vdots \\ a_r \end{pmatrix} = \begin{pmatrix} s_{1y} \\ \vdots \\ s_{ry} \end{pmatrix} \tag{7.15}$$

と書くことができる。このように x_i と y の平均、分散、共分散を求めておくと、式 (7.15) の連立方程式を解くことで a_i を求められる。つまり分散共分散行列の逆行列を計算することになる。さらに式 (7.14) から b を求める。

ここで、式 (7.14) をもともとの重回帰式 (7.12) に代入すると、

$$y - \mu_y = a_1(x_1 - \mu_1) + a_2(x_2 - \mu_2) + \cdots + a_r(x_r - \mu_r) \tag{7.16}$$

となり、重回帰式は各変数の平均の点を通ることを意味している。

以上のことより、それぞれの変数の平均、分散、共分散を求める。分散共分散行列が逆行列を持てば、この重回帰式を求めることができることがわかる。

7.3　予測の正確さ

重回帰式の係数を求める方法について説明し、分散共分散行列が逆行列を持てば係数を求めることができるということを述べた。単に計算するのであれば、このように係数を定めることはできる。しかし、値が求まったからそれでよいというわけではない。はたしてどれだけ正確な予測ができるようになったのかを考えてみよう。

これを図で見てみよう。

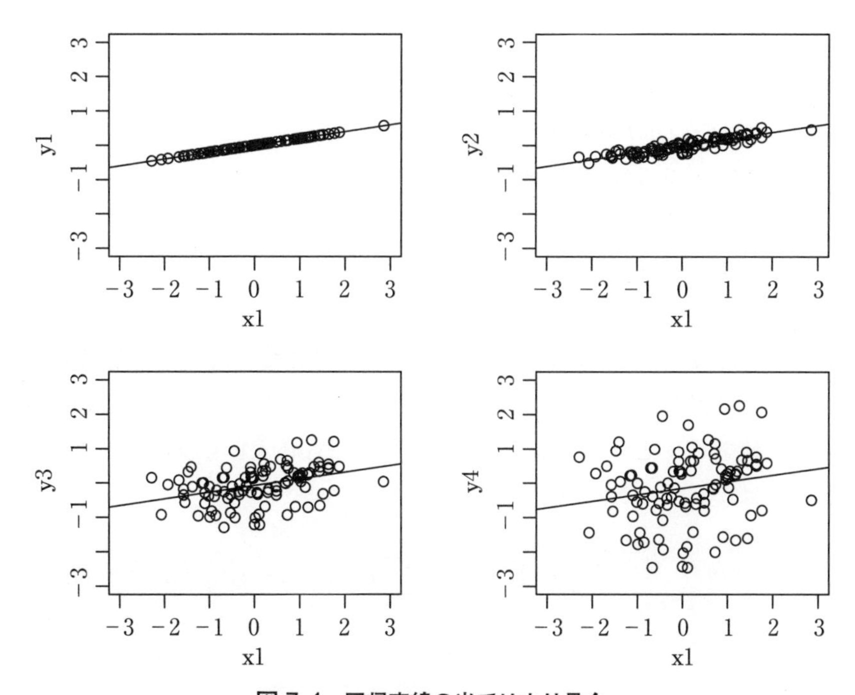

図 7-4　回帰直線の当てはまり具合

左上から右下に向けて $(s = 0, 0.1, 0.5, 1)$

図 7-4 は標準正規分布に従う擬似乱数 x、ϵ をそれぞれ 100 個ずつ生成し、次式において s を変化させることによって作った y を x で表すような回帰直線を求めたものである。

$$y = 0.2x + s\epsilon$$

R では次のようにして作成できる。

```
> x1 <- rnorm(100)
> x2 <- rnorm(100)
> y2 <- 0.2*x1+0.1*x2
> plot(x1,y2,ylim=c(-3,3))
> abline(lm(y2~x1))
```

abline()、lm() については後に説明する。ここで、式 (7.15) を解くことによって得られる a_i、b のことを特に $\hat{a}_i$、$\hat{b}$ とし、これによって予測される値を $\hat{y}^{(p)}$ とする。最小 2 乗法といっても必ずしも誤差が 0 になるわけではない。そこで予測誤差を $e^{(p)}$ とすると、

$$\hat{y}^{(p)} = \sum_{i=1}^{r} \hat{a}_i x_i^{(p)} + \hat{b} = \sum_{i=1}^{r} \hat{a}_i \left(x_i^{(p)} - \mu_{x_i} \right) + \mu_y \tag{7.17}$$

$$y^{(p)} = \hat{y}^{(p)} + e^{(p)} \tag{7.18}$$

と書くことができる。そこで、予測誤差の 2 乗和を計算すると、

$$\begin{aligned} \sum_{p=1}^{N} (e^{(p)})^2 &= \sum_{p=1}^{N} \left\{ (y^{(p)} - \mu_y) - \left(\sum_{i=1}^{r} \hat{a}_i \left(x_i^{(p)} - \mu_{x_i} \right) \right) \right\}^2 \\ &= \sum_{p=1}^{N} (y^{(p)} - \mu_y)^2 + \sum_{p=1}^{N} \left(\sum_{i=1}^{r} \hat{a}_i (x_i^{(p)} - \mu_{x_i}) \right)^2 \\ &\quad -2 \sum_{p=1}^{N} \sum_{i=1}^{r} \hat{a}_i (x_i^{(p)} - \mu_{x_i})(y^{(p)} - \mu_y) \end{aligned}$$

ここで、式 (7.16) より、

$$
\begin{aligned}
(\text{上式第 3 項}) &= \sum_{p=1}^{N}\sum_{i=1}^{r}\hat{a}_i\sum_{j=1}^{r}\hat{a}_j(x_i^{(p)}-\mu_{x_i})(x_j^{(p)}-\mu_{x_j}) \\
&= \sum_{p=1}^{N}\left(\sum_{i=1}^{r}\hat{a}_i(x_i^{(p)}-\mu_{x_i})\right)^2
\end{aligned}
$$

である。最終的に

$$
\sum_{p=1}^{N}(e^{(p)})^2 = \sum_{p=1}^{N}(y^{(p)}-\mu_y)^2-\sum_{p=1}^{N}\left(\sum_{i=1}^{r}\hat{a}_i(x_i^{(p)}-\mu_{x_i})\right)^2 \tag{7.19}
$$

が成り立つ。これは

$$
\sum_{p=1}^{N}(y^{(p)}-\mu_y)^2 = \sum_{p=1}^{N}(y^{(p)}-\hat{y}^{(p)})^2+\sum_{p=1}^{N}(\hat{y}^{(p)}-\mu_y)^2
$$

であり、すなわち

$$
(\text{実測値 } y \text{ の分散}) = (\text{予測誤差 } e \text{ の分散}) + (\text{予測値}\hat{y}\text{の分散})
$$

が成り立つ。予測誤差の分散が小さくなればなるほど、実測値の分散の中で占める予測値の分散が大きくなり、予測値で十分の実測値のばらつきを表現できたことになる。そこで、実測値の分散を S_T、予測誤差の分散を S_E、予測値の分散を S_R とすると、

$$
S_T = S_E + S_R \tag{7.20}
$$

である。これより実測値の分散に対する予測値の分散の割合は

$$
R^2 = \frac{S_R}{S_T} = 1-\frac{S_E}{S_T} \tag{7.21}
$$

となる。この R^2 を**決定係数**という。また、R を**重相関係数**という。決定係数が 1 に近いほど予測の精度は高いということを意味する。

7.4 偏相関係数

回帰分析では説明変数をどのように選ぶかが問題となる。この時ある変数 X_i の偏回帰係数が大きい場合でも、他の変数の影響を受けて大きくなることもあり、直接の影響かどうか判断することができない。そこで、説明変数のある変数と目的変数との関係を見る上で**偏相関係数**が用いられる。例えば、変数 X_1 から X_{r-1} までを固定した X_r と Y との偏相関係数は

$$\begin{aligned} \hat{X}_r &= \hat{b}_0 + \hat{b}_1 X_1 + \hat{b}_2 X_2 + \cdots \hat{b}_{r-1} X_{r-1} + E_r \\ \hat{Y} &= \hat{c}_0 + \hat{c}_1 X_1 + \hat{c}_2 X_2 + \cdots \hat{c}_{r-1} X_{r-1} + E_y \end{aligned} \tag{7.22}$$

として表した E_r と E_y との相関係数として計算される。例として変数が 3 個の場合に X_1 を固定した場合、式 (7.10) より

$$\begin{aligned} E_2 &= -\frac{s_{12}}{s_{11}}(X_1 - \mu_1) + (X_2 - \mu_2) \\ E_y &= -\frac{s_{1y}}{s_{11}}(X_1 - \mu_1) + (Y - \mu_Y) \end{aligned}$$

の相関係数として

$$r_{2y\cdot 1} = \frac{s_{11}s_{2Y} - s_{12}s_{1y}}{\sqrt{s_{11}s_{22} - s_{12}^2}\sqrt{s_{11}s_{YY} - s_{1Y}^2}} \tag{7.23}$$

$$= \frac{r_{2y} - r_{12}r_{1y}}{\sqrt{1 - r_{1y}^2}\sqrt{1 - r_{12}^2}} \tag{7.24}$$

と計算される（右辺における $r_.$ はそれぞれの相関係数）。

7.5 R によるシミュレーション

回帰分析は式 (7.15) で表されるような正規方程式を解く。手順としては分散共分散行列の逆行列を求め、連立 1 次方程式を解くことになる。

R では連立方程式を解く関数として solve(A,b) を用いることができる。また、別の lm という関数によっても求めることができる。R に含まれる women のデータを使ってみよう。これは 30 歳から 39 歳までの 15 人のアメリカ人女性の身長と体重のデータである。手順は次のようになる。

```
> w1 <- women
> w1
height weight
1 58 115
2 59 117
 ⋮
(略)
> w2 <- lm(weight~height,data=w1)
> w2
(略)
Coefficients:
(Intercept) height
-87.52 3.45
```

w1 という名前でデータを読み込んだら、lm という関数を使う。ここで、目的変数と説明変数の列の名前、およびどのデータを用いるのかを指定する。

計算後、w2 と入力すると出てきた結果を見ることができる。Coefficients:の部分にそれぞれの係数の値が表示される。$\hat{b}$ に当たるのが切片 (Intercept) であり、height の下に 傾き $\hat{a}$ の値が表示される。この場合、切片が -87.52、傾きが 3.45 と求まる。

```
> plot(w1)
> abline(-87.52, 3.45)
```

図示するには、plot としてデータを表示し、そこに直線を追加する。2 次元の直線を追加する場合には、plot() の後に abline() を用いる。abline() は $y = bx + a$ という直線をグラフに追加して表示する関数（a、b の値が逆なので注意すること）である。abline(w2) としてもよい。

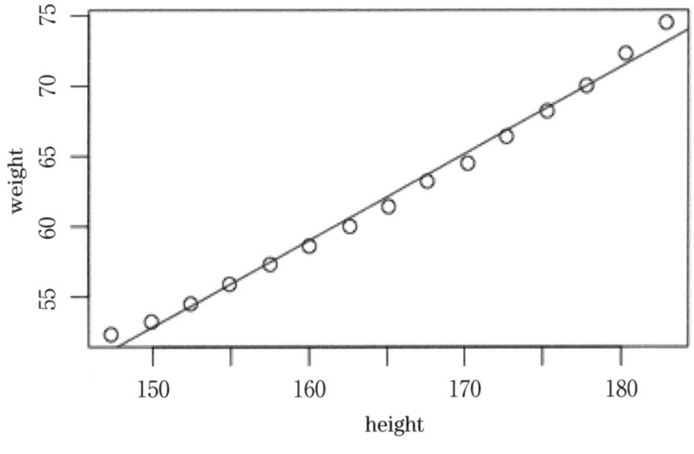

図 7-5　R による回帰直線の計算

決定係数は、summary(w2) とすることで確認できる。

```
> summary(w2)
(略)
Residual standard error: 1.525 on 13 degrees
of freedom Multiple R-squared:  0.991,
Adjusted R-squared:  0.9903
(略)
```

決定係数の値は 0.991 とデータの傾向をよく表していることがわかる。

7.6　まとめと展望

いくつかのデータを持っている時にそのデータが持つ特徴を線形結合によって表すのが回帰分析である。ここでは、多変数の場合も含めて回帰分析の手順についてまとめ、その予測の評価のための指標として決定係数について説明した。説明変数同士がどれも非常に高い相関がある場合には、式 (7.15) は逆行列を持たないことがある。逆行列を持っても結果の信頼性が低くなることがある。これを**多重共線性**という。r 次元の場合には、分散共分散行列が逆行列を持つということが偏回帰係数を持つ必要条件だった。このように回帰分析では、説明変数として、ただ多くの変数を選べば自動的に計算ができるというわけではない。説明変数を選ぶ段階で、ある程度それぞれの関係について知っておく必要がある。説明変数同士がどのような関係にあるのかを調べる手法として、主成分分析が有効であり、それについて次章で触れる。

また、今回は線形な結合について、その手順を説明したが、非線形な場合を含めた一般の予測については第 14 章で扱う。

参考文献

[1] 有馬哲、石村貞夫、“多変量解析のはなし”、1987、東京図書
[2] 柳井晴夫、高根芳雄、“多変量解析法”、1977、朝倉書店
[3] 中村永友、“R で学ぶデータサイエンス 2　多次元データ解析法”、金明哲・編、2009、共立出版

演習問題 7

【問題】

回帰分析について述べた次の文について、誤っている部分を直せ。

1) 回帰分析は説明変数を目的変数で表すモデルである。
2) 回帰直線は必ず原点を通る。
3) 単回帰分析の場合、決定係数の値は相関係数と一致する。
4) 回帰分析では分散共分散行列や相関行列の固有値、固有ベクトルを計算する。
5) 実測値の分散は予測誤差の分散と予測値の分散の差によって表される。

解答

一例として以下のように修正することができる。

1) 回帰分析は目的変数を説明変数で表すモデルである。
2) 回帰直線は各変数の平均値によって表される点を通る。
3) 単回帰分析の場合、決定係数の値は相関係数の 2 乗と一致する。
4) 回帰分析では分散共分散行列や相関行列の逆行列を計算する。
5) 実測値の分散は予測誤差の分散と予測値の分散の和によって表される。

ふりかえり

1) どんな時に回帰分析を行うか考え、その場合のチェック項目を考えてみよう。
2) 回帰分析が必ずしもうまくいかないこともある。うまくいかない理由を考えてみよう。

8 主成分分析

《概要》データマイニングではいろいろな項目でデータを集め、そのデータから実態を探ろうと考える。そのため、データマイニングでは非常に多次元のデータを扱うことになる。しかし、多次元のデータを見るといっても、私たちがグラフとして見ることができるのは3次元のデータまでであり、次元が大きくなると、グラフをもとにデータの持つ特徴を判断することはそれだけ難しくなる。
次元を減らす方法として、この章では主成分分析について説明する。

《学習目標》

1) 主成分分析の概要および係数の導入方法について理解する。
2) 回帰分析と主成分の違いを理解する。
3) Rを用いて主成分を計算することができる。

《キーワード》主成分、情報量の損失、標準化、寄与率

8.1 主成分分析の概要

まずは、主成分分析のイメージを図で考えてみよう。データが図8-1のように散らばっているものとする。本来、図のような点を取り囲む曲線はないが、理解しやすいように曲線があるものとして考えてみよう。データは平面上に近い形で散らばっていて、この平面に垂直な向きへのばらつきは小さいものとする。

この時、このグラフを様々な角度から眺めることができるとして、一体どの角度から見たら、このデータの特徴を表していると思うのか、考えてみよう。すると、多くの人は図の矢印(図8-1の左側の図中)で示したように平面の垂直な方向からと考えるのではないだろうか。

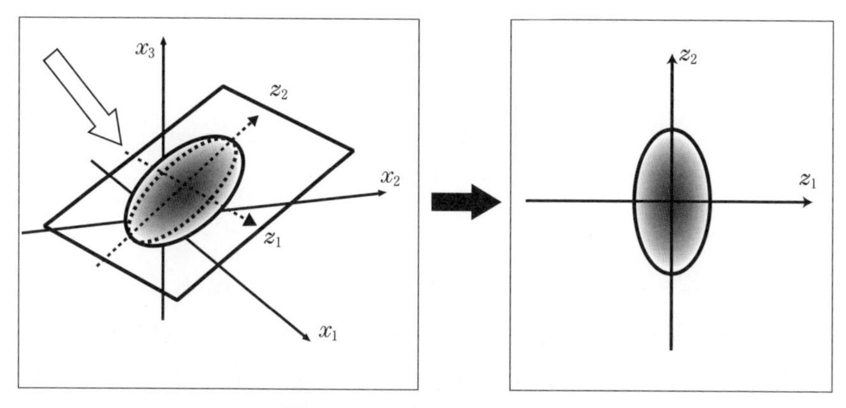

図 8-1　主成分分析の概念図

このように、もしどこかの軸の成分を無視しなければならないとしたら、値のさほど変わらない、ばらつきの少ない軸を無視することにするだろう。このように、**主成分分析**は、線形な座標変換を行い、それによって得られた成分のうち、情報量の多いものから順に考えることで、情報量の損失をなるべく抑えつつ次元を減らそうとする。

では、このイメージを踏まえて、定式化することを考えてみよう。r 次元のデータがあり、それを $(x_1, x_2, \cdots, x_r)$ とする。例えば、今、体格について検討することを考え、x_1 は身長、x_2 を体重、x_3 が足の大きさ、といったものを表していると考えよう。

ただし、身長のデータを x_1 と書いたが、実際には多くの人のデータを集めることになる。そこで、サンプルや事例を表す時には、添字の (p) で表すことにする。つまり、N 人のデータを表す場合には、1 人目の身長を $x_1^{(1)}$、N 人目の身長を $x_1^{(N)}$ というように表すことにしよう。

そして、その平均値をそれぞれ $(\mu_1, \mu_2, \cdots, \mu_r)$、分散を $(\sigma_1^2, \sigma_2^2, \cdots, \sigma_r^2)$ とする。つまり、

$$\mu_i = \frac{1}{N}\sum_{p=1}^{N} x_i^{(p)}$$
$$\sigma_i^2 = \frac{1}{N-1}\sum_{p=1}^{N}(x_i^{(p)} - \mu_i)^2$$

とする。

ここで扱うデータには様々な種類の属性を持つものがあるだろう。例えば、r 個の科目の成績を意味しているかも知れないし、身長や体重といったものを表しているかもしれない。この時、身長をセンチメートルで表すか、メートルやインチで表すかといったように、単位によって違うのでは都合が悪い。そこで、それぞれのデータの平均が 0 になるようにする。これを**中心化**という。

$$x_i^{(p)\prime} = x_i^{(p)} - \mu_i \tag{8.1}$$

さらに、標準偏差で割ることで分散を 1 にすることを**標準化**という。これは式で表すと、

$$x_i^{(p)\prime\prime} = \frac{x_i^{(p)} - \mu_i}{\sigma_i} \tag{8.2}$$

と書ける。今後、このようにして変換されたデータを $y_1, y_2, \cdots, y_r$ とする[1)]。

さて、標準化の変換について考えてみよう。変換によって得られる m 個の成分を $(z_1, z_2, \cdots, z_m)$ とする。z_i は

---

1) この標準化については実際のシミュレーションの時にも手順を示す。ここでは、もしわからなければ、図 8-1 のようにもともとのデータが、どの成分も、取りうる範囲やばらつき具合が同じで、その中心が 0 になっているデータであると考えよう。

$$
\begin{aligned}
z_1 &= a_{11}y_1 + a_{12}y_2 + \cdots + a_{1r}y_r \\
z_2 &= a_{21}y_1 + a_{22}y_2 + \cdots + a_{2r}y_r \\
&\cdots \\
z_m &= a_{m1}y_1 + a_{m2}y_2 + \cdots + a_{mr}y_r
\end{aligned}
\tag{8.3}
$$

と書ける。この新しい成分のことを**主成分**といい、z_i を第 i 主成分という。変換した個々のデータの値のことを**主成分得点**という。新しい成分の次元がもともとの成分の次元より増えることはないので、$m \leq r$ である。行列で表すと、

$$
\begin{pmatrix} z_1 \\ z_2 \\ \vdots \\ z_m \end{pmatrix} = \begin{pmatrix} a_{11} & \cdots & \cdots & a_{1r} \\ \vdots & \ddots & \ddots & \vdots \\ a_{m1} & \cdots & \cdots & a_{mr} \end{pmatrix} \begin{pmatrix} y_1 \\ y_2 \\ \vdots \\ \vdots \\ y_r \end{pmatrix}
\tag{8.4}
$$

となる。ここで、a_{i1}、a_{i2}、$\cdots$、a_{ir} という量は新たな軸の方向を定める量であるが、全体を一定倍しても軸の方向は変わらない。そのため $|a_{ij}|$ が大きくなれば主成分得点 z_i も大きくなってしまう。そこで、

$$
\sum_{j=1}^{r} a_{ij}^2 = 1 \tag{8.5}
$$

という条件を加える。

8.2　主成分の導出

主成分分析とはこの行列の成分 a_{ij} をどのようにして求めるかという問題である。

8.2.1　2次元での例

2次元の場合について考えてみよう。まず、データが図8-2のように分布しているようなものを考えてみる。色の濃くなっているところにデータの濃度が集中していると考え、そこからまばらになっているものとする。今、標準化によってどの軸の分散も1になるようにしてあるものとする。この時、データの重要度を考え、軸を取り直すとしたらどうするだろうか。

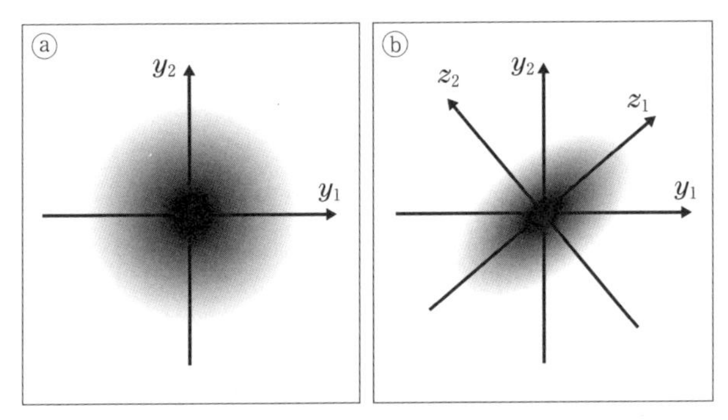

図8-2　2次元の主成分分析のイメージ図

図8-2ⓐは、y_1 軸、y_2 軸の両方向に等しく分布している。このばらつき具合を表すのが分散であった。図8-2ⓑを見ると、y_1 軸の方向と y_2 軸の方向のばらつき具合は両者でさほど変わらない。しかし、z_1 軸、z_2 軸を考えてみると、z_1 軸方向へのばらつきが1番大きく、逆に z_2 軸方向へのばらつきが小さい。したがって、もしどちらかの軸だけを考えるということであれば、z_1 軸のみの値を考えることになろう。今後の計算では、y_1 と y_2 の関係を表す指標である相関係数や分散、共分散を用いて、この z_1 や z_2 といった軸を求める。

では実際に、その直線を求めることを考えてみよう。

図 8-3 に示すように、求めたい直線は、その直線を座標とした時のばらつきが最大となるものである。ここで、図 8-4 に示すような軸を考えよう。また、係数 a_1、a_2 について、

$$a_1^2 + a_2^2 \quad = \quad 1 \tag{8.6}$$

という条件があるものとする。すると、図 8-4 に示すように、z_1 軸上の点 $z_1 = a_1 y_1^{(1)} + a_2 y_2^{(1)}$ は点 $(y_1^{(1)}, y_2^{(1)})$ から z_1 軸へ下ろした垂線の足となる。

この時、新しい軸上でのばらつきは

$$(d^{(1)})^2 \quad = \quad (a_1 y_1^{(1)} + a_2 y_2^{(1)})^2$$

である。

これをすべてのサンプルに関して足し合わせて、

$$\begin{aligned} \sum_{p=1}^{N} (d^{(p)})^2 &= \sum_{p=1}^{N} \{(a_1 y_1^{(p)})^2 + (a_2 y_2^{(p)})^2 + 2a_1 a_2 y_1^{(p)} y_2^{(p)}\} \\ &= a_1^2 \sum_{p=1}^{N} (y_1^{(p)})^2 + a_2^2 \sum_{p=1}^{N} (y_2^{(p)})^2 + 2a_1 a_2 \sum_{p=1}^{N} (y_1^{(p)} y_2^{(p)}) \end{aligned}$$

さらに、これを $N-1$[2] で割った値を $U(a_1, a_2)$ とすると、$U(a_1, a_2)$ は、

$$U(a_1, a_2) \quad = \quad s_{11} a_1^2 + 2 s_{12} a_1 a_2 + s_{22} a_2^2 \tag{8.7}$$

となる。データを標準化している場合には、$s_{11} = s_{22} = 1$、$s_{12} = r_{12}$ なので、

$$U(a_1, a_2) \quad = \quad a_1^2 + 2 r_{12} a_1 a_2 + a_2^2 \tag{8.8}$$

---

2) N ではなく、$N-1$ で割るのは、分散や共分散の定義による。

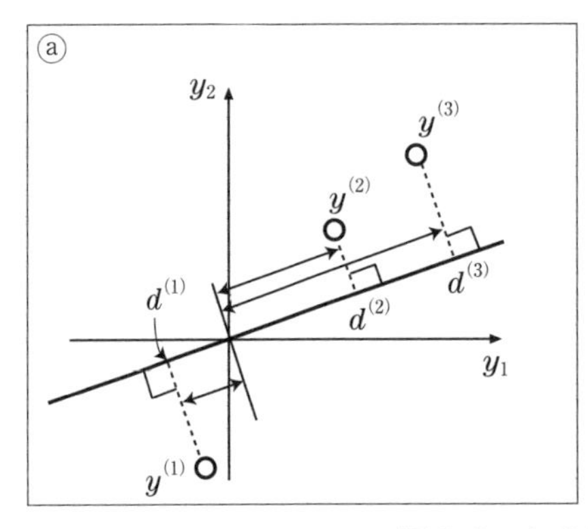

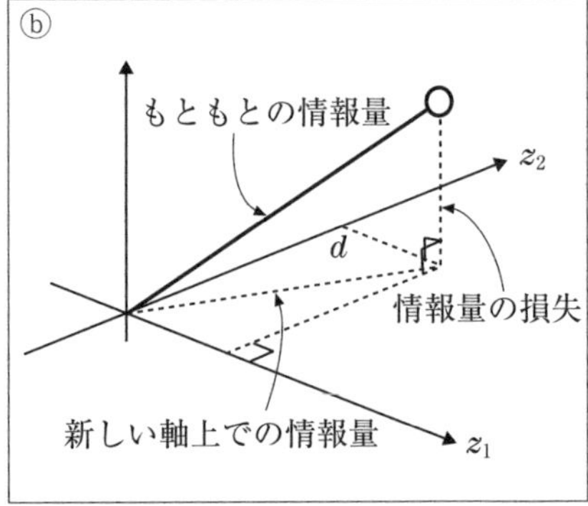

図 8-3　主成分の計算（1）

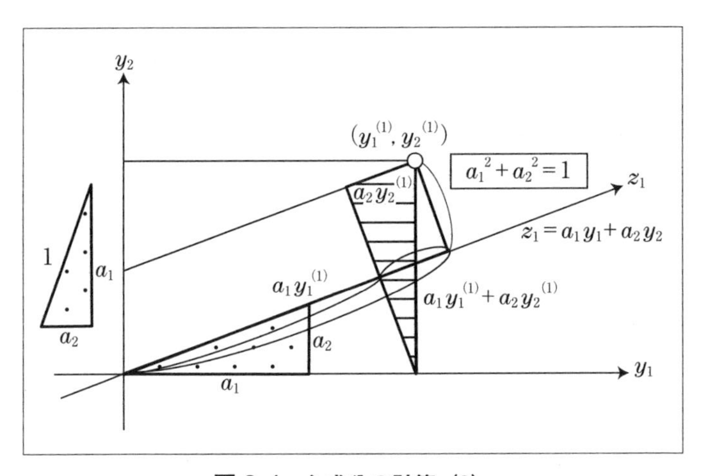

図 8-4　主成分の計算（2）

となる。このように、データの相関係数（または、分散、共分散）を用いて表現することができる。後は、これを制約条件

$$a_1^2 + a_2^2 \;=\; 1$$

という条件の下で最大となるような a_1、 a_2 を求める。

こうといった制約条件のある最大最小問題には**ラグランジュの未定乗数法**を用いることができる[3]。最大最小を与える変数の値を求める場合には、

$$G(a_1, a_2, \lambda) = U(a_1, a_2) - \lambda(a_1^2 + a_2^2 - 1)$$

を a_1、a_2、λ で偏微分して、最終的に

$$\begin{aligned} a_1 + r_{12}a_2 - \lambda a_1 &= 0 \\ r_{12}a_1 + a_2 - \lambda a_2 &= 0 \\ a_1^2 + a_2^2 &= 1 \end{aligned}$$

を満たすような a_1、a_2 を求めればよいということになる。これは、

$$A = \begin{pmatrix} 1 & r_{12} \\ r_{12} & 1 \end{pmatrix}, \quad \boldsymbol{a} = \begin{pmatrix} a_1 \\ a_2 \end{pmatrix} \tag{8.9}$$

と書くと、

$$A\boldsymbol{a} = \lambda\boldsymbol{a} \tag{8.10}$$

と書けるから、行列 A の固有値、固有ベクトルを求める計算ということになる。

今回は第 1 主成分として計算したが、第 2 主成分であっても同様に計算することになり、結局式 (8.10) と同じ固有ベクトルを求めることになる。また、この行列は対称行列で固有ベクトル同士が直交するので、第 1 主成分と第 2 主成分が独立となるように選ぶことができる。2 行 2 列の固有値は多くて 2 個である。では、2 つあるとすると、どちらの固有ベクトルを用いればよいのだろうか。式 (8.10) を満たす固有値を λ^* 、固

3) 未定係数法ともいう。ここでは、詳細については省略するので、詳しくは微分積分の教科書を参照してほしい。

有ベクトルを

$$\boldsymbol{a}^* = \begin{pmatrix} a_1^* \\ a_2^* \end{pmatrix}$$

として、この時の主成分の分散を求めてみよう。この分散は $U(a_1, a_2)$ だったから、

$$\begin{aligned} U(a_1^*, a_2^*) &= a_1^{*2} + 2r_{12}a_1^*a_2^* + a_2^{*2} \\ &= a_1^*(a_1^* + r_{12}a_2^*) + a_2^*(r_{12}a_1^* + a_2^*) \\ &= a_1^*(\lambda^* a_1^*) + a_2^*(\lambda^* a_2^*) \\ &= \lambda^*(a_1^{*2} + a_2^{*2}) = \lambda^* \end{aligned}$$

となる。座標を変換した後の分散は、求める行列の固有値に等しい。したがって、固有値のうち大きい値に対応する固有ベクトルを求めればよいということになる。

8.3 一般の場合

一般に r 次元のデータの場合も分散が最大になるという条件を求めると、

$$A = \begin{pmatrix} s_{11} & s_{12} & \cdots & s_{1r} \\ s_{21} & s_{22} & \cdots & s_{2r} \\ \vdots & \vdots & \ddots & \vdots \\ s_{r1} & s_{r2} & \cdots & s_{rr} \end{pmatrix} \tag{8.11}$$

または、標準化した後であれば、

$$B = \begin{pmatrix} 1 & r_{12} & \cdots & r_{1r} \\ r_{21} & 1 & \cdots & r_{2r} \\ \vdots & \vdots & \ddots & \vdots \\ r_{r1} & r_{r2} & \cdots & 1 \end{pmatrix} \tag{8.12}$$

に対して、係数を

$$B\boldsymbol{a}_i = \lambda_i \boldsymbol{a}_i \quad \text{ただし} \quad \boldsymbol{a}_i = \begin{pmatrix} a_{i1} \\ a_{i2} \\ \vdots \\ a_{ir} \end{pmatrix} \tag{8.13}$$

と書くことができる。すなわち、$r \times r$ の行列の固有値 $\lambda_i (i = 1, 2, \cdots, r)$ を求めることになる。

ここで、共分散については、$s_{ij} = s_{ji}$ が成り立つので、これは行列としては対称行列である。対称行列の固有ベクトルは互いに直交することが知られている。また、分散共分散行列（相関行列）は半正定値、すなわち固有値がすべて 0 以上になることが知られている。式 (8.11) または式 (8.12) で表される行列の固有値を求め、そのうち最も大きいものから順に、第 1 主成分、第 2 主成分というように定めていけばよい。

また、第 i 成分の分散はその固有値の値に等しくなる。したがって、どの成分までを考えるかは固有値の大きさで判断すればよい。そこで、この固有値を $\lambda_1 \geq \lambda_2 \geq \cdots \geq \lambda_r \geq 0$ として、

$$\frac{\lambda_i}{\lambda_1 + \lambda_2 + \cdots + \lambda_r} = \frac{\lambda_i}{\sum_{k=1}^{r} \lambda_k} \tag{8.14}$$

の値を第 i 主成分の**寄与率**という。また、第 1 主成分から第 i 主成分ま

での寄与率の合計

$$\frac{\lambda_1 + \cdots + \lambda_i}{\lambda_1 + \lambda_2 + \cdots + \lambda_r} = \frac{\sum_{j=1}^{i} \lambda_j}{\sum_{k=1}^{r} \lambda_k} \tag{8.15}$$

を第 1 主成分から第 i 主成分までの**累積寄与率**という。通常は、累積寄与率が 0.8 となる成分までを考慮することが多い。

8.4 2次元の場合の例

このことを例をもとに考えてみよう。以下の表 8-1 は、R に含まれるデータで、30 歳から 39 歳までのアメリカ人女性 15 人の身長と体重を集めたもの（women）を標準化したものである。

表 8-1 主成分分析の例

氏名	身長	体重	氏名	身長	体重	氏名	身長	体重
A01	-1.565	-1.402	A06	-0.447	-0.499	A11	0.671	0.598
A02	-1.342	-1.273	A07	-0.224	-0.305	A12	0.894	0.856
A03	-1.118	-1.080	A08	0.000	-0.112	A13	1.118	1.114
A04	-0.894	-0.886	A09	0.224	0.146	A14	1.342	1.437
A05	-0.671	-0.693	A10	0.447	0.340	A15	1.565	1.759

標準化後のデータ（スペースの関係で小数第 3 位で四捨五入して表記している）。

表を 2 次元にプロットすると、図 8-5 のようになる。

これを見ると身長と体重のデータはほぼ一直線上にあることがわかる。この時の共分散（実際には、標準化しているので相関係数）の値は、

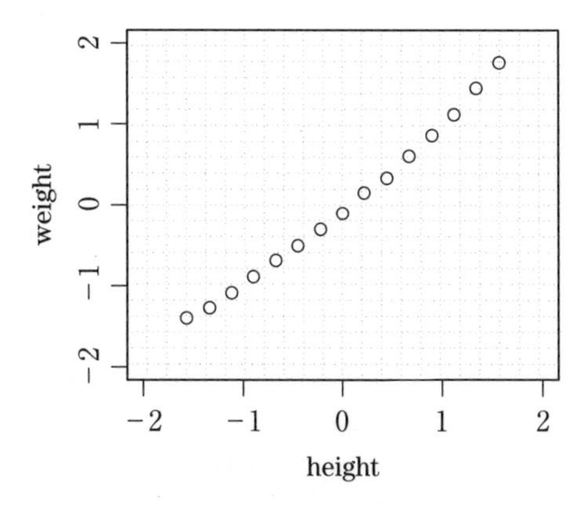

図 8-5　標準化後の身長と体重のデータ

$$\frac{1}{15-1}\{(-1.567)\cdot(-1.399)+(-1.338)\cdot(-1.271)+\cdots\}=0.9955$$
$$\simeq 0.996\cdots$$

である。すると、

$$\begin{pmatrix} 1 & 0.996 \\ 0.996 & 1 \end{pmatrix}\begin{pmatrix} a_1 \\ a_2 \end{pmatrix} = \lambda\begin{pmatrix} a_1 \\ a_2 \end{pmatrix}$$

となるような λ、a_1、a_2 を求めることになる。2 次元の行列式は 2 次方程式を解けばよく、実際に計算すると、固有値は、1.996、0.004 となり、それを満たすような固有ベクトルを求めると

$$\begin{pmatrix} 0.707 \\ 0.707 \end{pmatrix}, \begin{pmatrix} -0.707 \\ 0.707 \end{pmatrix}$$

となる。これを図にしてみると、図 8-6 となる。ちなみに、この場合、第 1 主成分の寄与率が

$$\frac{1.996}{1.996+0.004} = 0.998$$

となるので、この例では第 1 主成分だけで十分である。

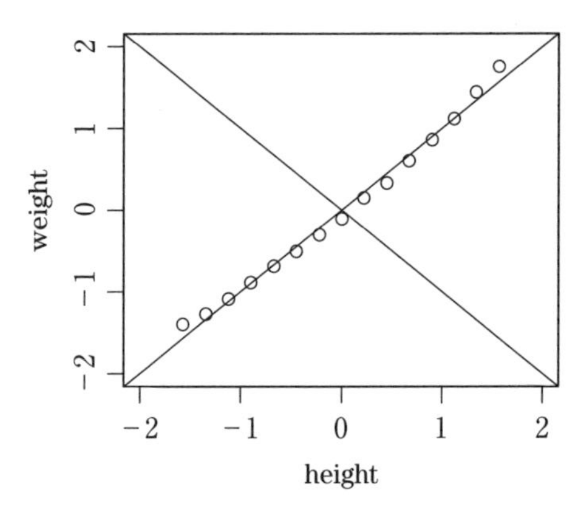

図 8-6 主成分分析で求めた直線とデータ

では、これを R で計算してみよう。women を標準化して得られたデータが ch081.dat というファイル名であるとする。prcomp() という関数を用いる。手順は、データを w1 で読み込み、prcomp(w1) で主成分分析を行う。その結果が今、w2 という名前であるとすると、手順は

```
> w1 <- read.table("ch081.dat",header=T,row.names=1)
> w2 <- prcomp(w1)
```

というようになる。まず、表 8-1 のデータが

name1	height	weight
A01	-1.56524758424985	-1.40226866642617
A02	-1.34164078649987	-1.27322553761395
	⋮	

という形であるとする。今回は標準化後のデータを用いたが、標準化されていないデータであっても、prcomp は自動的に標準化をして計算す

る。もし、標準化しない場合は scale=FALSE（または単に F)、中心化もしない場合には、center=F と指定する。

計算結果を見るために、w2 と打つと

```
> w2
Standard deviation:
[1] 1.41261982 0.06712103
 Rotation:
                  PC1        PC2
 height     0.7071068  0.7071068
 weight     0.7071068 -0.7071068
```

というように、標準偏差と固有ベクトルの値が表示される。この標準偏差は $U(a_1, a_2)$ の平方根の値であり、固有値の平方根と一致する。この値を 2 乗したものが固有値の値である。この値自体を見るには、w2 という値の中の sdev として保存されている。また、summary() という関数で結果の要約を見ることができる。

```
> summary(w2)
Importance of components:
                          PC1     PC2
 Standard deviation      1.4126 0.06712
 Proportion of Variance  0.9978 0.00225
 Cumulative Proportion   0.9978       1
```

最初の Standard deviation は主成分の標準偏差である。2 行目が寄与率、3 行目が累積寄与率を表している（この標準偏差の値を 2 乗し、その割合が寄与率と正しいことを確認してみよ)。

それぞれの主成分得点は w2$x で見ることができる。これを図にしてみよう(図 8-7)。

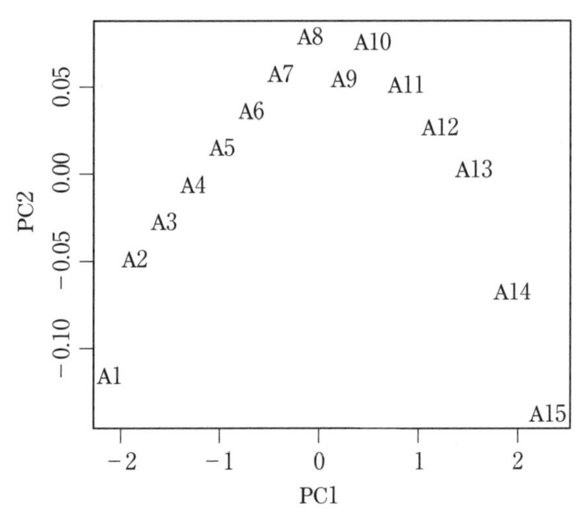

図 8-7　R で計算した主成分得点

実際の縦軸の値を見ると値が小さく、どれもほぼ同じ値であるということに注意しよう。これをプロットする場合には、第 5 章の散布図で行った場合と同様に、まず plot() という関数で枠を指定し、text() という関数でその座標と行の名前を指定してプロットする。

```
> plot(w2$x,type="n")
> text(w2$x,rownames(w1))
```

各点の行の名前は w1 で指定してあるので、w2$x という座標にそれぞれ rownames(w1) で行の名前をプロットしている(rownames(w2$x) としてもよい)。

8.5　まとめと展望

主成分分析とは、多くの変数をより少ない変数で記述することを目的としたものであった。主成分分析でも回帰分析でもどちらもその変数の平均値を通る。また、出てきた行列もほぼ同じである。そこで、ここでは、その違いについて述べておこう。

回帰分析では、目的変数を 1 次式によって表し、目的変数との誤差を計算した。一方、主成分分析ではそのデータを代表するような新しい軸を設定し、その軸上に射影された点をその代表の点とするものであり、目的変数を持たない。

そして、回帰直線では目的変数を表すため、その誤差は軸に沿って測る。一方、主成分分析は軸との距離が最小になるように求めているので、距離は軸に垂直になるように測る。この違いを図示すると図 8-8 のように表せる。

主成分分析の復習として、国語、算数、理科、社会など、いくつかの教科の成績データをもとに学生の学力を測りたいという場合を考えてみよう。もしある教科の成績が全員 0 点であれば、その教科はひとまず考慮しないことにするだろう。このようにばらつきがないということはデータの情報の量が少ないと考え、逆に、良い点を取る人もいれば、そうでない人もいるとなると、その項目は調べる価値がある情報量が多いと考えるのであった。

また、数学ができる人は物理もできる、といった特徴があれば (それを表すのが相関であった)、数学と物理を合わせて理系的な科目という項目を考えれば、2 科目考えるよりも考える項目が減ることになる。このように、それぞれの科目の点数をそれぞれ何倍かして足し合わせる。そ

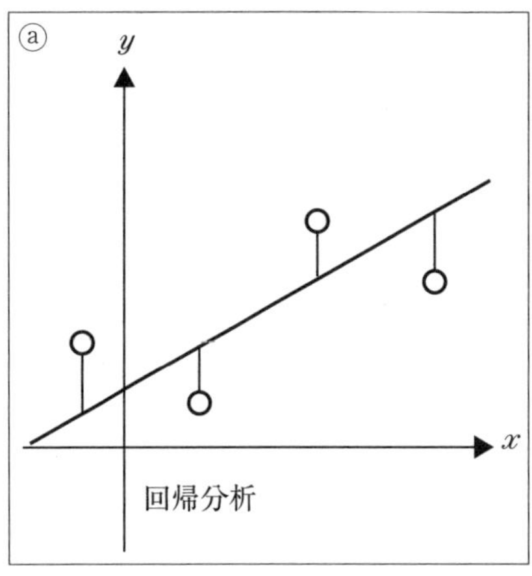

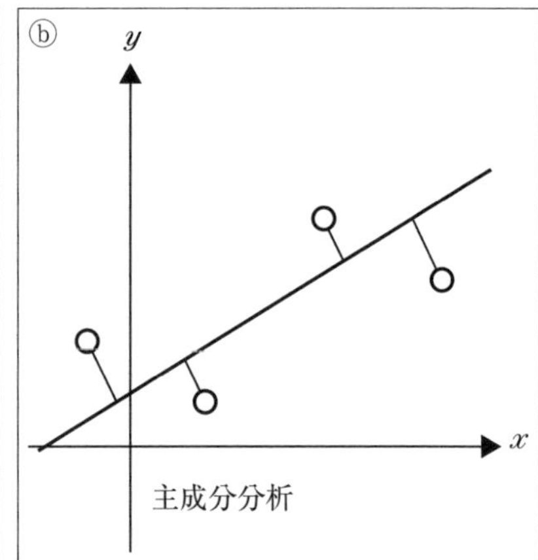

図 8-8　回帰分析と主成分分析

れによって理系的科目の成績、文系的科目の成績などのような別の測り方をする。こうした測り方を成績のデータをもとに自動的に求めるというのが主成分分析ということになる。

しかし、あくまでもそうした係数の値を求めているのであって、そうした結果に対して、例えば理系的科目といった、説明のための名称（**ラベル**）をつけるのは、あくまでも専門家である。

また、今回、与えられたデータの標準化について述べた。データマイニングでは様々な手法があるが、データを集めたらすぐに計算して何か結果が得られるというわけではなく、手法を適用するための**前処理**を行う必要があることが多いことも押さえておこう。

参考文献

[1] 有馬哲、石村貞夫、“多変量解析のはなし”、1987、東京図書
[2] 平岡和幸、堀玄、“プログラミングのための線形代数”、2004、オーム社
[3] 金明哲、“R によるデータサイエンス”、2007、森北出版

演習問題 8

【問題】

主成分分析について述べた次の文について、誤っている部分を直せ。

1) 主成分分析は予測モデルと考えられている。
2) データの平均を 0、分散が 1 となるようにスケールを合わせることを正規化という。
3) 2 次元の主成分分析の場合、各点と直線との距離の和が最大になるように計算を行う。
4) 主成分分析では分散共分散行列や相関行列の逆行列を計算する。
5) すべての固有値の中における割合を成果率という。

解答

一例として以下のように修正することができる。

1) 主成分分析は記述モデルと考えられている。
2) データの平均を 0、分散が 1 となるようにスケールを合わせることを標準化という。
3) 2 次元の主成分分析の場合、各点と直線との距離の和が最小になるように計算を行う。
4) 主成分分析では分散共分散行列や相関行列の固有値、固有ベクトルを計算する。
5) すべての固有値の中における割合を寄与率という。

ふりかえり

1) 主成分分析の導出過程を整理してみよう。
2) 主成分分析の応用事例について調べてみよう。

9 因子分析

《**概要**》次元の多いデータの次元を減らす方法として主成分分析を説明した。似た方法として因子分析がある。因子分析はデータの中に潜む要因を見つけようとするものである。こうした因子分析の概要、および因子負荷量の計算について説明し、R でシミュレーションを行う。

《**学習目標**》

1) 因子分析の考え方について理解する。
2) 因子分析の手順について理解する。
3) R を用いて因子分析を行うことができる。

《**キーワード**》因子分析、共通因子、独自因子、因子の回転

9.1 因子分析の概要

第5章では、勉強と試験の合格について扱った。試験によってその人の学力を推測しようとしても、限られた方法で測定することは難しい。個人の持っている学力というものは測定しづらいが、何らかの方法で学力というものが定量化されるものだとしよう。そうだとして、同じ学力を持つ人は毎回同じ点数を得られるだろうか。ちょっとしたミスやその時の体調が結果に影響を与えるかもしれない。

また、複数の科目があるとしよう。理系科目が得意な人や文系科目が得意な人もいる。国語や社会の点数が高いことから、文系科目が得意な人だと判断したり、そうした人は数学や理科が苦手だと判断したりすることもある。こうしたことは科目の点数から、その人の学習に対する態

度や能力を推測しようとしていると考えることができるだろう（図 9-1）。

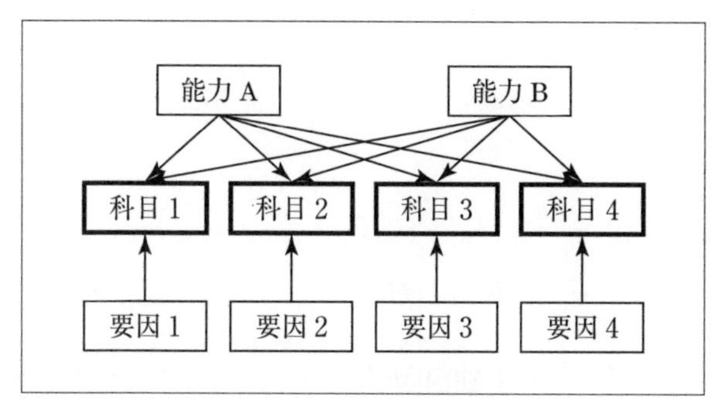

図 9-1　因子分析の概念図

9.2　因子分析の定式化

主成分分析は、観測されたデータ（それを標準化したデータ）$y_j(j=1,2,\cdots,n)$ から新たに主成分 z_i を導く方法を考えた。それによって、n 種類のデータは r 種類の主成分によって表すことができた。

$$\begin{aligned} z_1 &= a_{11}y_1 + a_{12}y_2 + \cdots + a_{1r}y_n \\ z_2 &= a_{21}y_1 + a_{22}y_2 + \cdots + a_{2r}y_n \\ &\cdots \\ z_r &= a_{r1}y_1 + a_{r2}y_2 + \cdots + a_{rn}y_n \end{aligned} \tag{9.1}$$

一方、先ほど書いた学習能力のような例は結果をその潜在する要因で表そうとするもので、それをモデル化してみよう。Y_j はデータの要素数 n よりも少ない m 個の要素 $F_k(k=1,2,\cdots,m)$ の線形結合によって表したモデルである。Y_j をもとに新たな成分を考えるのが主成分分析であり、今回のモデルは Y_j を F_k を用いて表そうとするものである。また、主成分分析にはない、個々の要因 $E_k(k=1,2,\cdots,n)$ が足されている。

$$
\begin{aligned}
Y_1 &= c_{11}F_1 + c_{12}F_2 + \cdots + c_{1m}F_m + d_1E_1 \\
Y_2 &= c_{21}F_1 + c_{22}F_2 + \cdots + c_{2m}F_m + d_2E_2 \\
\cdots & \quad \vdots \qquad\qquad (9.2) \\
Y_n &= c_{n1}F_1 + c_{n2}F_2 + \cdots + c_{nm}F_m + d_nE_n \\
\Longleftrightarrow \boldsymbol{Y} &= C\boldsymbol{F} + D\boldsymbol{E} \qquad\qquad (9.3)
\end{aligned}
$$

この F_k を**共通因子**、E_k を**独自因子**という。ここで、Y_j は今標準化したデータを考えているので、平均0、分散が1であった。さらに、F_k、E_k について、次のような仮定を置く。

1) F_k、E_k の平均は0、分散が1。分散については C や D の大きさで調整する。
2) 共通因子 F_k と独自因子 E_k はどれも相関がない。
3) 独自因子はそれぞれ独立で相関がない。
4) 共通因子同士 F_k と F_l は相関がある場合とない場合の両方を考える。相関がない場合を**直交解**、相関を考える場合を**斜交解**という。

そこで、この式から Y_iY_j を計算すると、

$$
Y_iY_j = \sum_{k=1}^{m}\sum_{l=1}^{m} c_{ik}c_{jl}F_kF_l + \sum_{k=1}^{m}(c_{ik}d_jE_j + c_{jk}d_iE_i)F_k + d_id_jE_iE_j
$$

となる。この変数について平均を計算すると、左辺は共分散であり、右辺は上記の仮定から第2項が0になるので

$$
E[Y_iY_j] = \sum_{k=1}^{m}\sum_{l=1}^{m} c_{ik}c_{jl}E[F_kF_l] + d_id_jE[E_iE_j]
$$

と計算される。ここで、$i=j$ の時のみ、$E[E_iE_j]=1$ である。これを、

$E[F_kF_l] = \phi_{kl}$ として行列の形で書くと、

$$
\begin{aligned}
\Sigma &= C\Phi C^T + D^2 \qquad (9.4) \\
&= \begin{pmatrix} c_{11} & \cdots & c_{1m} \\ & \vdots & \\ & \vdots & \\ c_{n1} & \cdots & c_{nm} \end{pmatrix} \begin{pmatrix} 1 & \cdots & \phi_{1m} \\ \vdots & \ddots & \vdots \\ \phi_{m1} & \cdots & 1 \end{pmatrix} \begin{pmatrix} c_{11} & \cdots & \cdots & c_{n1} \\ \vdots & \ddots & \ddots & \vdots \\ c_{1m} & \cdots & \cdots & c_{nm} \end{pmatrix} \\
&+ \begin{pmatrix} d_1^2 & \cdots & 0 \\ \vdots & \ddots & \vdots \\ 0 & \cdots & d_n^2 \end{pmatrix}
\end{aligned}
$$

と書くことができる。Y_i について観測された n 個の要素を持つ N 個のデータ $y^{(p)} = (y_1^{(p)}, y_2^{(p)}, \cdots, y_n^{(p)})(p = 1, 2, \cdots, N)$ から、この C、Φ、D を求めるのが**因子分析**のプロセスということになる。計算される C を**共通因子負荷量**という。共通因子に対して直交解を仮定する場合には、Φ は単位行列なので C、D のみを求める。また、式 (9.4) のように、D^2 は対角成分だけが d_i^2 であり、その以外の成分は 0 である。n 個の成分それぞれについて、この d_i^2 の値は、成分独自の影響を表している。この値を**独自性**という。$1 - d_i^2$ の値は共通因子の影響を足し合わせた値であり、この値を**共通性**という。

9.3　因子負荷量の計算手順

因子分析は、式 (9.4) を満たすような C、D を見つけ、式 (9.3) のように表すことが目的であるが、主成分分析とは異なり、因子分析では因子負荷量が一意に決まるわけではない。例えば、F の順番については何も条件がないので、順番についての不定性がある。また、できた F 全体をどこかの向きに回転させたとしても条件を満たす。そこで、次章で説明する多次元尺度法のように、様々な仮定のもと因子負荷量の推定値を見つける。その計算手順は次のようになる。それぞれのステップにおいて様々な方法が提案されているが、ここでは代表的なものとしてそれぞれ1つずつ説明する。

1) 共通因子の個数 m を定める。
2) 因子負荷量を求める。
3) 因子軸の回転を行う。
4) 結果を解釈する。

共通因子の個数はあらかじめ決まっているわけではない。主成分分析においては相関行列の固有値のもとに累積寄与率を計算した。相関行列の固有値は必ず0以上の値を取った。因子分析でも、固有値の大きさが1より大きいものにするといった決め方がある（**カイザー・ガットマン基準**）。

また、図によって判断する方法もある。固有値の大きい順に並べ、横軸にその順番を表す番号を、縦軸に固有値の大きさを取り、プロットする。この図を**スクリープロット**という。そして、固有値を成分の影響の大きさと考え、固有値の大きさがあまり変化しなくなる前までの個数を選ぶ。

主成分分析では、r 次元のデータから $r \times r$ の相関行列（分散共分散行列）を計算し、その固有値、固有ベクトルを計算することで主成分を求めた。一方、因子分析では n 個の成分を持つデータを、より少ない m 個の因子で表そうとする。因子負荷量を求める方法には**最尤法**、**最小2乗法**、**主因子法**といった方法があるが、Rに基本として組み入れられている因子分析 `factanal()` は最尤法を用いて因子負荷量を計算している。

最尤法は、母集団に対して確率分布を仮定し、観測されたデータを生み出す尤も（もっとも）らしさが最大となるような値を推測値とする。最尤法を理解するために例を考えよう。

例えば、コイントスを 5 回行い 3 回表が出たとする。この時、表が出る確率はいくつであると考えるとよいだろうか。もし、確率が p であるとすると、表が 3 回出る確率は

$$P(F=4) \;=\; {}_5C_3 p^3(1-p)^2 = 10(p^5 - 2p^4 + p^3)$$

である。これをグラフに描くと図 9-2 のようになる。

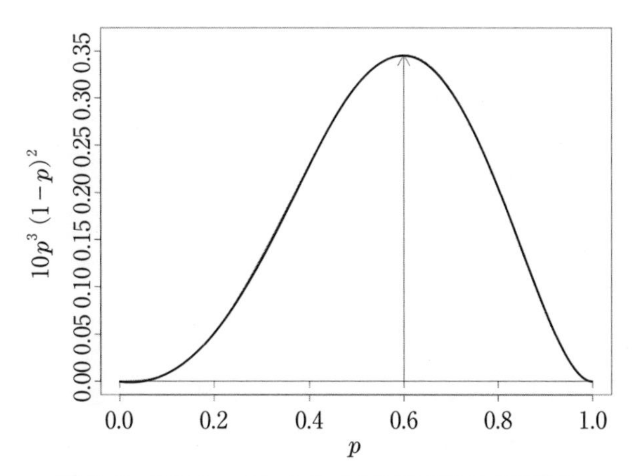

図 9-2　5 回のコイントスで 3 回表が出る尤度関数

グラフでは、$p = \dfrac{3}{5} = 0.6$ で確率は最大になっている。確率分布を仮定することで、観測されたデータが生じる確率を計算している。これはパラメータがどんな値であれば、観測された結果が生じるのかを表す関数になっている。これを**尤度関数**という。その上で、結果が観測される尤もらしさが最大になるようなパラメータを求める。これによって推測されるパラメータを**最尤推定量**という。

n 次元のベクトル $y^{(p)}$ は互いに独立に多変量正規分布 $N(0,\Sigma)$ に従うとすると、データから計算される相関行列はウィッシャート分布と呼ばれる分布に従う [1]。そこから計算される尤度関数を最大にする値として C、D が計算される。

9.4 因子の回転

N 個のデータから観測されるすべての成分の数は $n\times N$ 個である。一方、F、E はそれぞれ $m\times N$ 個、$n\times N$ 個である。これらを直接算出できるわけではなく、データから計算されるのは C、Φ、D である。条件を満たすような F を考え、このFに対して、回転など、大きさを変えず逆変換を持つような線形変換をして F' が得られたとしよう。それが

$$F' \quad = \quad AF$$

というように書ける時、

$$CF \quad = \quad CA^{-1}F'$$

であり、新しく $A^{-1}\Phi A'$ を Φ' と考えれば、新しい共通因子を作ることができる。このように、因子分析の解は一意ではない。そこで、得られた結果をもとに**因子の回転**を行う。F について直交解を仮定した**直交回転**と斜交解を前提とした**斜交回転**がある。

回転を行う目的は、特徴をわかりやすく表現することである。ある判断基準を作成し、式 (9.3) にある行列の成分 c_{ij} の値を用いて、その値が

1） 多変量正規分布から独立に N 個のデータを取り出した時に、そこから計算される行列 $\sum_{p=1}^{N} y^{(p)}(y^{(p)})^T$ が従う分布をウィッシャート行列といい、

$$\frac{|A|^{\frac{N-n-1}{2}}\exp(-\frac{1}{2}\mathrm{Tr}\Sigma^{-1}A)}{2^{\frac{nN}{2}}\pi^{\frac{n(n-1)}{4}}|\Sigma|^{\frac{N}{2}}\prod_{i=1}^{n}\Gamma(\frac{N-i+1}{2})}$$

と表される。$n=1$ の時、$A=x$、$\Sigma=1$ であり、カイ 2 乗分布である。

最大になるように負荷量を決定する。

直交回転ではオーソマックス基準が用いられる。オーソマックス基準は

$$\begin{aligned} Q &= \sum_{i=1}^{n}\sum_{j=1}^{m} c_{ij}^4 - \frac{w}{n}\sum_{j=1}^{m}(\sum_{i=1}^{n} c_{ij}^2)^2 \\ &= (c_{11}^4 + \cdots + c_{1m}^4) + \cdots + (c_{n1}^4 + \cdots + c_{nm}^4) \\ &\quad - \frac{w}{n}\left\{(c_{11}^2 + \cdots + c_{n1}^2)^2 + \cdots + (c_{1m}^2 + \cdots + c_{nm}^2)^2\right\} \end{aligned} \tag{9.5}$$

$w = 1$ の時を**バリマックス**回転という。

一方、斜交回転として**プロマックス**回転がある。あらかじめ目標となる行列を決め、その行列に近づくように因子負荷行列を変更する方法をプロクラステス回転という。プロマックス回転は、まずバリマックス解を求める。バリマックス解の符号はそのままで各成分を k 乗した行列を目標行列としてプロクラステス回転を行う。べき乗することで因子間の差が強調され、因子間の特徴を際立たせることができる。

因子得点 F を推定する方法については省略する。

9.5　R によるシミュレーション

ここでは、R に組み込まれている `factanal()` という関数を用いて因子分析を行うプロセスを説明する。手順としては、

1）データを読み込み、相関行列を計算し、因子数を決定する

2）因子分析を行う

3）軸の回転、図示を行い、結果を解釈する

という流れで行う。

データは 5 科目の架空の成績データを用いる。それぞれ、認知心理学、統計学、神経科学、心理学史、精神分析を受講した架空の生徒の試験結果になっている。それがすでに標準化されている。`ch091.dat` というファ

イル名で作業フォルダに置いてあるとする。

```
> w1 <- read.table("ch091.dat",header=T,row.names=1)
> head(w1)
  認知心理学 統計学 神経科学 心理学史 精神分析
1 -0.6576601 -1.4295485 0.2447532 -1.9903552
  0.8221572
2 0.1054264 0.1526702 1.2237662 1.2980577 1.1409528
3 -0.6576601 0.1526702 -0.7342597 1.2980577
  0.1845659
4 -1.4207467 0.6800765 -0.2447532 -0.3461487
  -0.4530254
```

まず、相関行列を計算し、固有値、固有ベクトルを計算する。

```
> w2 <- cor(w1)
> plot( eigen(w2)$values, type="b" ); abline(h=1)
```

固有値 eigen()$values は大きい順に並んでいるので、それをプロットする。このスクリープロットを見ると、3 番目から固有値の大きさがあまり変化していない (図 9-3)。また、1 より大きい固有値は 2 つである (カイザー・ガットマン基準)。そこで、今回は因子数を 2 に決定する。

因子分析を行う関数 factanal() のパラメータは factanal(データ, 因子数,rotation="") として、rotation の取りうる値は、何もしない ("none")、バリマックス ("varimax")、プロマックス ("promax") である。回転として何も選ばないと、デフォルトでバリマックスが選択される。

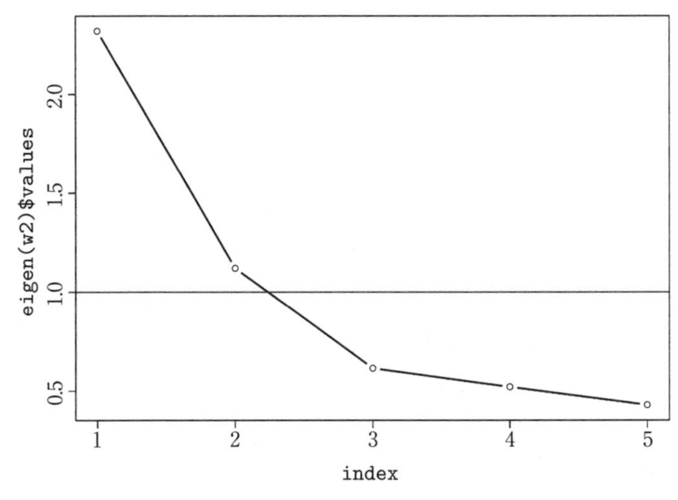

図 9-3　スクリープロット

因子数、回転方法を指定して実行する。

```
> w2 <- factanal(w1,2,rotation="promax")
```

結果を図 9-4 に示す。Uniquenesses は独自因子の大きさ d_i^2 を意味している。今回の場合、共通因子に比べ独自因子が大きい結果になった。共通因子は $1 - d_i^2$ で計算できる。

Loadings が因子負荷量になる。表示されていないところは 0 である。

元のデータが 2 因子のモデルで表せるという仮説のもとでカイ 2 乗検定を行っている。p 値が 0.506 なので、2 因子のモデルは棄却されるほど外れていなかったことを表している。

計算した後に関数 varimax() や promax() を用いることもできる。

出てきた因子をプロットする。

```
（中略）
Uniquenesses:
  認知心理学 統計学 神経科学 心理学史 精神分析
      0.556 0.526 0.634 0.316 0.500
Loadings:
           Factor1 Factor2
認知心理学 0.728 -0.156
統計学             0.637
神経科学   0.601
心理学史          0.859
精神分析   0.627 0.141

            Factor1 Factor2
SS loadings      1.298 1.187
Proportion Var   0.250 0.237
Cumulative Var   0.250 0.497
Factor Correlations:

        Factor1 Factor2
Factor1 1.000 -0.488
Factor2 -0.488 1.000

Test of the hypothesis that 2 factors are sufficient.
The chi square statistic is 0.44 on 1 degree of
freedom.
The p-value is 0.506
```

図 9-4　因子分析の実行結果

```
> plot(xlim=c(-0.5,1),ylim=c(-0.5,1),w2$loadings)
> axis(2,pos=0)
> axis(1,pos=0)
> text(w2$loadings,rownames(w2$loadings),pos=1)
```

すると、図 9-5 のようになる。

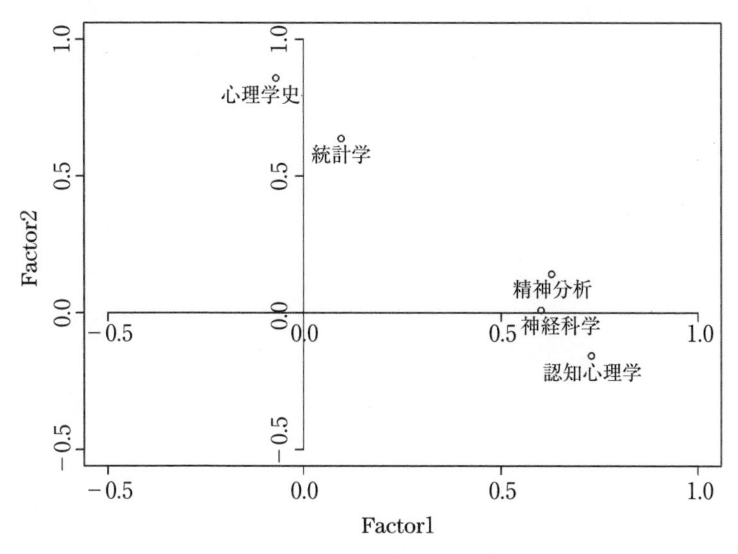

図 9-5　回転後の因子負荷量

これを見ると、5 つの科目のうち、3 つの科目は因子 1 が大きく、2 つの科目は因子 2 の影響が強いことがわかる。これより、出てきた結果を図示して、この概念に名前をつける。因子分析を行う時には、必要な情報として、因子数と根拠、回転法の情報をまとめておく。

9.6 まとめと展望

因子分析の方法については様々な方法が提案されている。R には心理分析用のパッケージ psych があり、その中にある関数 fa を用いることもできる。主成分分析では、分析後に主成分の点数を求めた。因子分析では、N 個のデータに対して、それぞれ共通因子と独自因子のスコアを決めなければならず、因子得点を直接求めることはできないが、様々な推定の方法が提案されている。また、因子分析は計算の仕方が複雑だが、そうした計算は R などで行える。ここでは手順を理解するための数式の記述にとどめた。詳細については文献［3］に詳しい。

参考文献

［1］豊田秀樹、“因子分析入門”、2012、東京図書

［2］中村永友、“R で学ぶデータサイエンス 2　多次元データ解析法”、金明哲・編、2009、共立出版

［3］市川雅教、“シリーズ〈行動計量の科学〉7　因子分析”、2010、朝倉書店

［4］水野欽司、“多変量データ解析講義”、1996、朝倉書店

演習問題9

【問題】

1) 数式を細かく追いかけるのが難しい場合であっても、個数はきちんとチェックしてほしい。そこで、5科目の成績に対して2個の共通因子を用いて次のようにモデル化した時に、ア〜オに当てはまる数はどうなるか。

$$y_1 = \sum_{i=1}^{\boxed{ア}} b_{1i} f_i + c_1 e_1$$

$$\vdots$$

$$y_{\boxed{イ}} = \sum_{i=1}^{\boxed{ウ}} b_{5i} f_i + c_{\boxed{エ}} e_{\boxed{オ}}$$

解答

1) ア 2　イ 5　ウ 2　エ 5　オ 5

ふりかえり

1) 因子分析をしたいと思うデータを考えてみよう。
2) 主成分分析と因子分析をどのように使い分けるか自分なりに考えてみよう。

10 多次元尺度法

《概要》距離をもとに座標を計算する多次元尺度法について述べる。多次元尺度法によって、感覚的な違いを距離として表現し、その距離をもとにデータをグラフにすることも可能となる。まず、距離について説明し、次に具体的な手法について説明する。

《学習目標》

1）距離の公理について理解する。
2）古典的多次元尺度法について理解する。
3）R において多次元尺度法を行う。

《キーワード》距離の公理、三角不等式、ヤング・ハウスホルダー変換、可視化

この章では**多次元尺度法**（multidimensional scaling）について述べる。多次元尺度法とは要素ごとの近さや距離が定義された時に、それをもとに低次元の（2 次元や 3 次元）グラフとして表示するための方法のことである。そこで、まず距離の公理について述べる。

10.1 距離の公理

アンケートをもとにして、人によって好みがどう違うかを分類するといったことを考えてみよう。そのためには、何らかの形で相手と似ているとか、離れているといったことが議論になる。そのためには、それぞれに対して違いに対応する「距離」が定義されていなければならない。

では、距離とはどういうことなのだろうか。そこで、自宅から最寄りの学習センターまでどれだけ離れているのかを考えてみよう。通常、距

離としてイメージされるものは**ユークリッド距離**である。これは 2 点間を直線で結び、その長さを測ったものである。しかし、その他にも、例えば駅から徒歩何分であるという場合もあるだろう。この所要時間は距離といえるのであろうか。

距離とは 2 点 P、Q の間の関数を $d(\mathrm{P},\mathrm{Q})$ とする。この時、以下の 4 つの性質を満たす $d(\mathrm{P},\mathrm{Q})$ を**距離**という。

1) **非負性**：$d(\mathrm{P},\mathrm{Q}) \geq 0$
2) **対称性**：$d(\mathrm{P},\mathrm{Q}) = d(\mathrm{Q},\mathrm{P})$
3) **三角不等式**（図 10-1）：3 点 P、Q、R に対して $d(\mathrm{P},\mathrm{Q}) \leq d(\mathrm{P},\mathrm{R}) + d(\mathrm{R},\mathrm{Q})$
4) **非退化性**：$\mathrm{P} = \mathrm{Q} \Leftrightarrow d(\mathrm{P},\mathrm{Q}) = 0$

この 4 つの性質のことを**距離の公理**という。

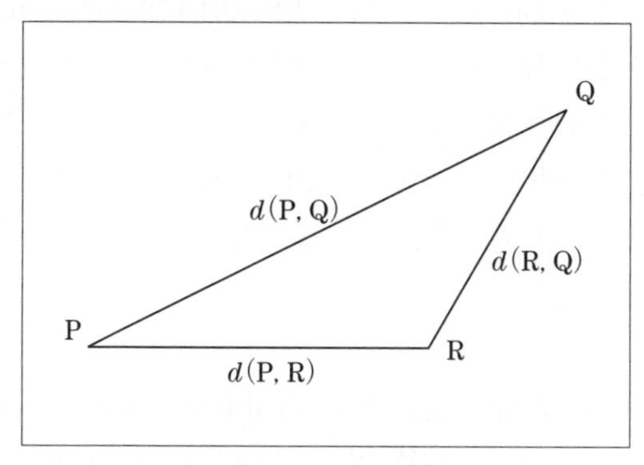

図 10-1　三角不等式

非負性とは、2 点間の距離は負にはならないことである。非退化性と併せて考えると、距離が 0 になるのは出発点と到着点が同じである時だけであり、それ以外の場合は距離が正となる[1]。

対称性についていえば、例えば、移動に要する時間によって距離を定

1）2 点が異なるのに距離が 0 になることがある時、つまり $\mathrm{P} \neq \mathrm{Q} \Rightarrow d(\mathrm{P},\mathrm{Q}) = 0$ が成り立つ場合を、**擬距離**という。

義したいという場合、飛行機での移動時間では通常対称性が成り立たない（東京から北海道に行く時間と、北海道から東京へ行く時間は通常等しくない）。

また、三角不等式において、点 P から点 Q への距離とはその最短距離のことであり、途中の点 r を通った場合には、通り道にある場合を除いて遠回りになることを意味している。

今後は原則として距離の公理を満たすものとして話を進めるが、自分で距離を定義した場合には先ほど述べた公理を満たしているかどうかを検討する必要がある。

10.2　多次元尺度法の概略

数量化されたデータに対して、距離が定義されているものとしよう。ただし、距離だけが定義されていて、実際の座標が与えられていない、もしくは主成分分析で行ったように、座標が多次元で直接グラフにすることができない、という状況を考えてみよう。多次元尺度法とは、各対象同士の距離の情報を用いて、各点を空間内の点として表し、そのデータの構造を可視化するための方法である。実際にはデータ自体は多次元空間内で表されることが多いが、可視化するためには、2 次元や 3 次元といった低次元の座標で表現する。

ここでは**古典的多次元尺度法**（classical multidimensional scaling）について説明する。この後の計算では、主成分分析と同様に固有値や固有ベクトルを求めることになる。難しいという場合には、後の例を見て理解してくれればよい。

まず問題を定式化しよう。r 次元の空間における N 個の点に対し、2 点間の距離が与えられているとしよう。その座標を表す行列 X を

$$X = (\boldsymbol{x}_1, \cdots, \boldsymbol{x}_N)^T \tag{10.1}$$

$$= \begin{pmatrix} x_{11} & \cdots & x_{1r} \\ \vdots & \ddots & \vdots \\ x_{N1} & \cdots & x_{Nr} \end{pmatrix} \tag{10.2}$$

とする。ここで、距離 d_{ij} としてユークリッド距離を考えよう。すると、各点の座標を表すベクトル $\boldsymbol{x_i}$、$\boldsymbol{x_j}$ を用いて、

$$\begin{aligned} d_{ij}^2 &= (x_{i1} - x_{j1})^2 + (x_{i2} - x_{j2})^2 + \cdots + (x_{ir} - x_{jr})^2 \\ &= \sum_{k=1}^{r} (x_{ik} - x_{jk})^2 \\ &= \boldsymbol{x}_i \cdot \boldsymbol{x}_i + \boldsymbol{x}_j \cdot \boldsymbol{x}_j - 2\boldsymbol{x}_i \cdot \boldsymbol{x}_j \end{aligned} \tag{10.3}$$

と書くことができる。ここで、$\boldsymbol{x}_i \cdot \boldsymbol{x}_j$ は内積を表す。

ここで、d_{ij} を成分とする行列を D とし、d_{ij}^2 を成分とする次のような距離行列を $D^{(2)}$ とする [2)]。

$$D^{(2)} = \begin{pmatrix} 0 & d_{12}^2 & d_{13}^2 & \cdots & d_{1N}^2 \\ d_{21}^2 & 0 & d_{23}^2 & \cdots & d_{2N}^2 \\ d_{31}^2 & d_{32}^2 & 0 & \cdots & d_{3N}^2 \\ \vdots & \vdots & \vdots & \ddots & \vdots \\ d_{N1}^2 & d_{N2}^2 & d_{N3}^2 & \cdots & 0 \end{pmatrix} \tag{10.4}$$

そして、多次元尺度法では、この $D^{(2)}$ の値を前提に、X を求めることを考える。

しかし、図 10-2 に示すように、点を平行移動しても、回転しても、五角形 ABCDE の 2 点間の各距離は変わらずに保たれているので、$D^{(2)}$ の情報をもとに X をただ 1 つに定めることはできない。

---

2)　今、距離の 2 乗を成分とすることから (2) と書いたが、D の 2 乗という意味ではない。D^2 を計算しても、$D^{(2)}$ とは一致しないので注意しよう。

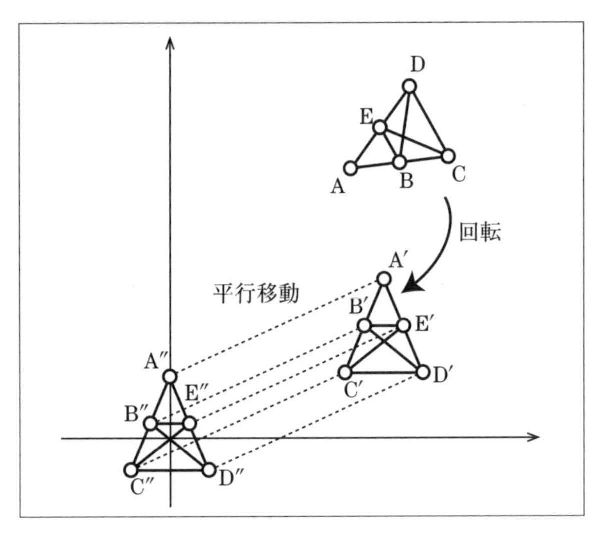

図 10-2　回転と平行移動（点と点の距離は不変である）

また、$D^{(2)}$ は、

$$\begin{aligned} D^{(2)} &= \mathbf{diag}(XX^T)\cdot(\mathbf{1}\cdot\mathbf{1}^T) - 2XX^T \\ &\quad +(\mathbf{1}\cdot\mathbf{1}^T)\cdot\mathbf{diag}(XX^T) \end{aligned} \tag{10.5}$$

と書くことができる。ここで、**diag** はその対角成分だけを取り出し、残りを 0 とすることを意味している。そこで、この距離行列に対して、

$$Q = I - \frac{\mathbf{1}\cdot\mathbf{1}^T}{N} \quad , \quad \text{ただし}\ \mathbf{1} = \begin{pmatrix} 1 \\ 1 \\ \vdots \\ 1 \end{pmatrix} \tag{10.6}$$

という行列 Q を両側から掛ける。この時、

$$\mathbf{1} \cdot \mathbf{1}^T = \begin{pmatrix} 1 & \cdots & 1 \\ \vdots & \ddots & \vdots \\ 1 & \cdots & 1 \end{pmatrix} \tag{10.7}$$

である[3]。この行列 Q を内側から掛ける変換を**ヤング・ハウスホルダー** (Young-Householder) **変換**という。この操作を施すと、

$$-\frac{1}{2}(QD^{(2)}Q) = QXX^TQ \tag{10.8}$$

と書くことができるようになる。ここで、Q も $D^{(2)}$ も対称行列であるので、この両辺も対称行列である。

この変換は次のように解釈することができる。

$$M = \frac{\mathbf{1} \cdot \mathbf{1}^T}{N} \tag{10.9}$$

$$Y = (\boldsymbol{y}_1, \cdots, \boldsymbol{y}_N)^T \tag{10.10}$$

とする、MY はそれぞれのベクトルに対して重心となるベクトルを求めている。したがって、Q は N 個のすべての点を重心が原点にくるように移動させる演算である。

さて、今、$D^{(2)}$ はわかっているので、$QD^{(2)}Q$ を計算することができる。ここで対称行列の**固有値**はすべて実数で、固有ベクトルは互いに直交するので、ここでこの対角行列を逆行列とするような固有ベクトルを選ぶことができる。ただし、距離のみがわかっている場合、N 個の点のうち、独立なものは $N-1$ 個しかなく固有値の 1 つは 0 になる。

3) $\mathbf{1} \cdot \mathbf{1}^T$ は成分が 1 の $N \times N$ 行列、$\mathbf{1}^T \cdot \mathbf{1} = N$ である。

$$-\frac{1}{2}(QD^{(2)}Q) = P \begin{pmatrix} \lambda_1 & \cdots & \cdots & 0 \\ \vdots & \ddots & \vdots & \vdots \\ 0 & \cdots & \lambda_{N-1} & 0 \\ 0 & \cdots & 0 & 0 \end{pmatrix} P^T \tag{10.11}$$

と変形することができる。ここで、この固有値がすべて 0 以上であれば、

$$Z = P \begin{pmatrix} \sqrt{\lambda_1} & \cdots & 0 & 0 \\ \vdots & \ddots & \vdots & \vdots \\ 0 & \cdots & \sqrt{\lambda_{N-1}} & 0 \\ 0 & \cdots & 0 & 0 \end{pmatrix}$$

とすると、$QX(QX)^T = ZZ^T$ であり、Z を解の 1 つとして選ぶことができる。

10.3 2次元での例

数式が増えたので、ここの変換で何をしているのか、実際の数値例で作業を振り返ってみよう。例として 4 つの点がそれぞれ、$x_1 = (3,3)$、$x_2 = (3,5)$、$x_3 = (5,5)$、$x_4 = (5,3)$ である場合を考える。実際には、この座標はわからないものとし、それぞれの間の距離からなる行列

$$D^{(2)} = \begin{pmatrix} 0 & 4 & 8 & 4 \\ 4 & 0 & 4 & 8 \\ 8 & 4 & 0 & 4 \\ 4 & 8 & 4 & 0 \end{pmatrix}$$

をもとに、それぞれの座標を求めてみよう。この行列に対してヤング・ハウスホルダー変換をすると、

$$-\frac{1}{2}QD^{(2)}Q \quad = \quad \begin{pmatrix} 2 & 0 & -2 & 0 \\ 0 & 2 & 0 & -2 \\ -2 & 0 & 2 & 0 \\ 0 & -2 & 0 & 2 \end{pmatrix}$$

となる。この行列の固有値を求めると、4、4、0、0 である。また、この固有ベクトルは、

$$P \quad = \quad \begin{pmatrix} \frac{\sqrt{2}}{2} & 0 & \frac{\sqrt{2}}{2} & 0 \\ 0 & \frac{\sqrt{2}}{2} & 0 & \frac{\sqrt{2}}{2} \\ -\frac{\sqrt{2}}{2} & 0 & \frac{\sqrt{2}}{2} & 0 \\ 0 & -\frac{\sqrt{2}}{2} & 0 & \frac{\sqrt{2}}{2} \end{pmatrix}$$

と計算することができる。これから、

$$P^T\left(-\frac{1}{2}QD^{(2)}Q\right)P = \begin{pmatrix} 4 & 0 & 0 & 0 \\ 0 & 4 & 0 & 0 \\ 0 & 0 & 0 & 0 \\ 0 & 0 & 0 & 0 \end{pmatrix}$$

が成り立つ。そこで、実際の成分 Z は QX に対応するものとして、

$$
\begin{aligned}
Z &= \begin{pmatrix} \frac{\sqrt{2}}{2} & 0 & \frac{\sqrt{2}}{2} & 0 \\ 0 & \frac{\sqrt{2}}{2} & 0 & \frac{\sqrt{2}}{2} \\ -\frac{\sqrt{2}}{2} & 0 & \frac{\sqrt{2}}{2} & 0 \\ 0 & -\frac{\sqrt{2}}{2} & 0 & \frac{\sqrt{2}}{2} \end{pmatrix} \begin{pmatrix} 2 & 0 & 0 & 0 \\ 0 & 2 & 0 & 0 \\ 0 & 0 & 0 & 0 \\ 0 & 0 & 0 & 0 \end{pmatrix} \\
&= \begin{pmatrix} \sqrt{2} & 0 & 0 & 0 \\ 0 & \sqrt{2} & 0 & 0 \\ -\sqrt{2} & 0 & 0 & 0 \\ 0 & -\sqrt{2} & 0 & 0 \end{pmatrix}
\end{aligned}
$$

となる。このうち固有値が0に対応する部分は無視すると、最終的に、点 $y_1(\sqrt{2}, 0)$、点 $y_2(0, \sqrt{2})$、点 $y_3(-\sqrt{2}, 0)$、点 $y_4(0, -\sqrt{2})$ の4点が求める座標ということになる。これを図示すると、図10-3のようになる。平行移動と回転および反転はしているものの点の距離は保存されていることがわかる。

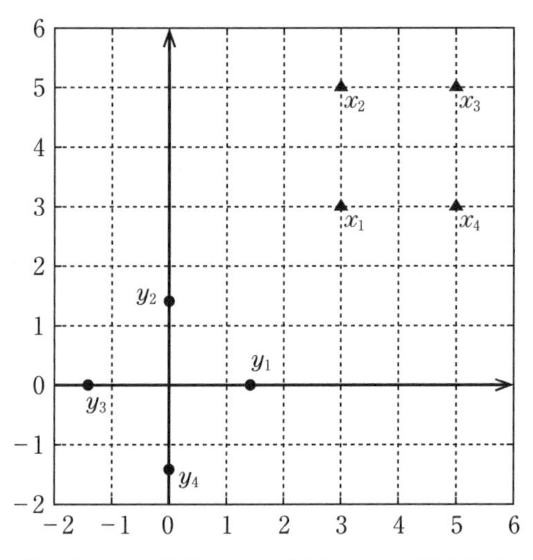

図10-3　古典的多次元尺度法による計算結果

回転や反転はしているが、それぞれの距離を保存した結果が得られている。

実際に数量化したものをデータとして扱う場合や計算機シミュレーションを行っている場合には $\sqrt{2}$ の部分などで誤差が生じるため必ずしも固有値が 0 にはならないが、主成分分析と同様に、固有値の大きい順に並べ替えてそれに対応する座標を計算すればよいことになる。

10.4　R によるシミュレーション

多次元尺度法は様々な間隔尺度のもとで距離行列を求めることから始まる。ここでは例として、山手線の駅の間隔について考える。今、2 駅間の距離を山手線のみを使ってたどり着くための所要時間として求めてみよう。所要時間は内回りか外回りのうちのどちらか短い方の時間を利用し、電車の待ち時間を考慮しないものとする。図にした時にわかりやすくするため、14 個の駅を選んで用いる。環状構造を再現できるかどうか見てみよう。所要時間は実際の時間とは多少の違いはあるだろうが、ここでは表 10-1 のようになっているものとする。

表 10-1　山手線の駅間の所要時間の例

	1	2	3	···	12	13	14
1. 品川	0	7	12	···	14	10	7
2. 目黒	7	0	5	···	21	17	14
3. 渋谷	12	5	0	···	26	22	19
4. 原宿	14	7	2	···	28	24	21
···				···			
12. 秋葉原	14	21	26	···	0	4	7
13. 東京	10	17	22	···	4	0	3
14. 新橋	7	14	19	···	7	3	0

これは先ほどの例に対応させると 2 乗ではない d_{ij} を成分とする距離行列 D が、

$$
D = \begin{pmatrix}
0 & & & & \\
7 & 0 & & & \\
12 & 5 & 0 & & \\
14 & 7 & 2 & 0 & \cdots \\
 & & & \vdots &
\end{pmatrix}
$$

のようになっている状態に対応する。このデータが ch101.csv という名前であるとしよう。では、これを実際に R にてシミュレーションしてみよう。R では古典的多次元尺度法の関数として、cmdscale という関数がある。これを用いて計算してみよう。計算自体はほぼ一瞬で終わる。まず、データを読み込む。データは、

	品川	目黒	渋谷	原宿	新宿	⋯
品川	0	7	12	14	18	⋯
目黒	7	0	5	7	11	⋯
渋谷	12	5	0	2	6	⋯
原宿	14	7	2	0	4	⋯
			⋮			

という形をしているものとする。

```
> yamate0 <- read.csv("ch101.csv",header=T,
+ row.names=1)
> yamate1 <- as.dist(yamate0)
```

このファイルを yamate0 として読み込む。ここで、読み込んだ yamate1 は対称な距離行列になっている。そこで、yamate1 を cmdscale で扱え

るように距離の形式に変換する。そこで用いる関数が as.dist() である。yamate1 を実際に見てみると、

```
> yamate1
        品川   目黒   渋谷   原宿   新宿   高田馬場   ...
目黒     7
渋谷    12     5
原宿    14     7     2
新宿    18    11     6     4
                     ⋮
```

というように対称行列のうち、対角成分、および右上半分を除いた左下半分のみのデータとなっている。

この yamate1 に対して、cmdscale を実行する。

```
> yamate2 <- cmdscale(yamate1)
> plot(yamate2,type="n")
> text(yamate2,rownames(yamate2)
```

何も指定せずに cmdscale を実行すると、各点の 2 次元の座標が yamate2 に保存される。後はこれをグラフにすればよい。前章までと同様に、plot で type="n" を指定して、各座標に行の名前である駅名をプロットする。この結果を図 10-4 に示す。これより、山手線の環状性をうまく再現できていることがわかるだろう。

この行列の計算では、14×14 のサイズの行列を計算した。この場合、一般には 14 個の固有値を求めることになるが、その中で絶対値の大き

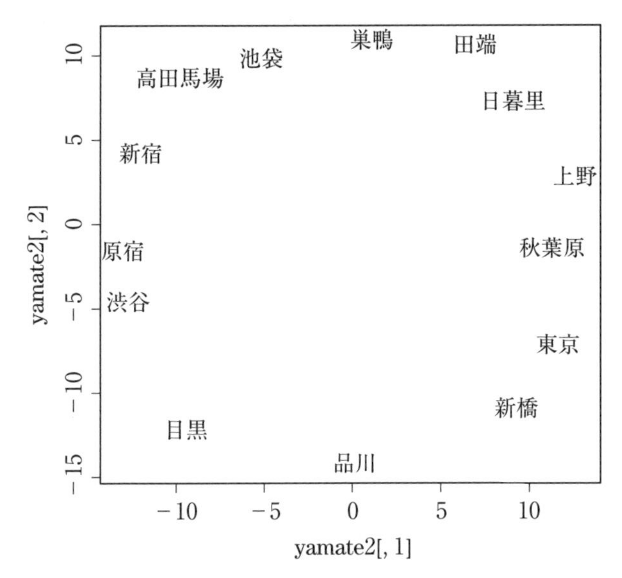

図 10-4　計算機シミュレーションによって求めた変換ベクトル

な 2 つの固有ベクトルに相当する固有ベクトルを用いて座標を計算している。

残りの固有値はどうなっているのだろうか。これを知るためには

```
> yamate3 <- cmdscale(yamate1,k=3,eig=T)
```

とする。ここで、`k=3` は 3 次元までの結果を表示すること、`eig=T` は固有値を表示することを意味している。何も指定しないと、自動的に `k=2,eig=F` であると判断され計算される。先ほどの計算結果である `yamate3` を見てみよう。

```
> yamate3
$points
               [,1]        [,2]        [,3]
 品川   -0.08390253  -14.364935   0.6380862
 目黒   -9.67203745  -12.364277  -6.3600133
 渋谷  -12.94145560   -4.764031   3.9117985
:
(途中省略)
$eig
[1] 1.369398e+03 1.030018e+03 1.800584e+02
1.337866e+02 6.842162e+01
[6] 3.321030e+01 3.620252e-14 -5.961422e-14
-2.327978e-13 -3.321774e+01
[11] -6.912379e+01 -1.178249e+02 -2.895910e+02
-3.396352e+02
:
(途中省略)
$GOF
[1] 0.703951 0.9163668
```

このように、yamate3 には固有値などの結果が含まれている。点だけのデータが見たい場合には、yamate3$points と指定する。

ここで、GOF とは、k=3 までで指定した 3 個の固有値の和がすべての固有値の絶対値の和の中に占める割合を意味している。この場合、距離の公理を満たさないなどの理由で負の固有値が出てくることもある。2 番目の値は負の固有値を無視して、正の固有値の中で3つの固有値の和が占める割合を表している。

10.5 まとめと展望

古典的多次元尺度法について説明した。固有値、固有ベクトルを求めることによって、回転と平行移動についての自由度はあるが、互いの距離をもとにデータの座標を求めることができるという手法であった。

アンケートなどでそれぞれ違う回答をしたものについて、その違いを距離として定義し、それをもとに座標を求めることができた。これにより、データの特徴を図で表現することが可能になる。

参考文献

[1] 有馬哲、石村貞夫、“多変量解析のはなし”、1987、東京図書

[2] 金明哲、“R によるデータサイエンス”、2007、森北出版

[3] 豊田秀樹、“データマイニング入門”、2008、東京図書

[4] 柳井晴夫、高根芳雄、“多変量解析法”、1977、朝倉書店

演習問題 10

【問題】

1) 多次元尺度法について述べた次の文について、誤っている部分を直せ。
  (a) 碁盤の目に従って動く場合は三角不等式が成り立たない。
  (b) 古典的多次元尺度法とは、多次元の座標のデータをもとに、より低次元の座標データを表す手法である。

2) `data(eurodist)` は、ヨーロッパの主な都市ごとの距離（単位はキロメートル）を表す距離行列のデータである。これをもとに多次元尺度法で 2 次元の図を作成せよ。

解答

1) 一例として以下のように修正することができる。
  (a) 碁盤の目に従って動く場合でも三角不等式が成り立つ。
  (b) 古典的多次元尺度法とは、点と点の距離をもとに、より低次元の座標データを求める手法である。

2) 省略。

ふりかえり

1) 成分ごとの距離についてどんな定義がありうるのか考えてみよう。
2) 多次元尺度法を適用したい事例としてどんなことがあるのか考えてみよう。

11 クラスター分析

《概要》 データの集まりの中で似た特徴を持つまとまりのことをクラスターという。ここでは、様々なデータからクラスターを構築する2種類の手法について説明する。最初に特徴の近いものから順にクラスターを結合する階層的クラスター分析について説明し、次に非階層的クラスター分析の例として k 個のクラスターに分割する k-means 法について説明する。

《学習目標》

1） 階層的クラスター分析について知る。
2） k-means 法について知る。
3） R を用いて両方を実践することができる。

《キーワード》 階層的クラスター分析、非階層的クラスター分析、k-means 法

前章の多次元尺度法では、2点間の距離という情報をもとに点の座標を求め、2次元などのグラフで表現するための手法について述べた。前章で述べたとおり、2点間の距離が求まったら、そこから擬似的な座標を求めて図示することができた。このように図を見れば、どういったものが近くにあるかどうかを目で見ることができる。しかし、それでもグラフとして見ることができるのは3次元であり、データによっては必ずしも3次元以下で配置することができない場合もある。また、実際にはこのような図ではなく、どれとどれが近いのかというグループだけがわかればよいこともある。このグループのように似た特徴を持つまとまりを**クラスター** (cluster) という。ここでは、こうしたクラスターに分割する方法について説明する。

まず、近いものごとにまとめていくことで階層構造を作る手法について述べ、次にあらかじめ定めた個数に分割する方法について述べる。

11.1　階層的クラスター分析

階層的クラスター分析 (hierarchical cluster analysis) について述べる。階層的クラスターとは最も距離の近いものを 1 つのクラスターとしてまとめ、順番にそのクラスターを結合していき、階層構造にまとめる手法のことである。この手順は図 11-1 に示すことができる。

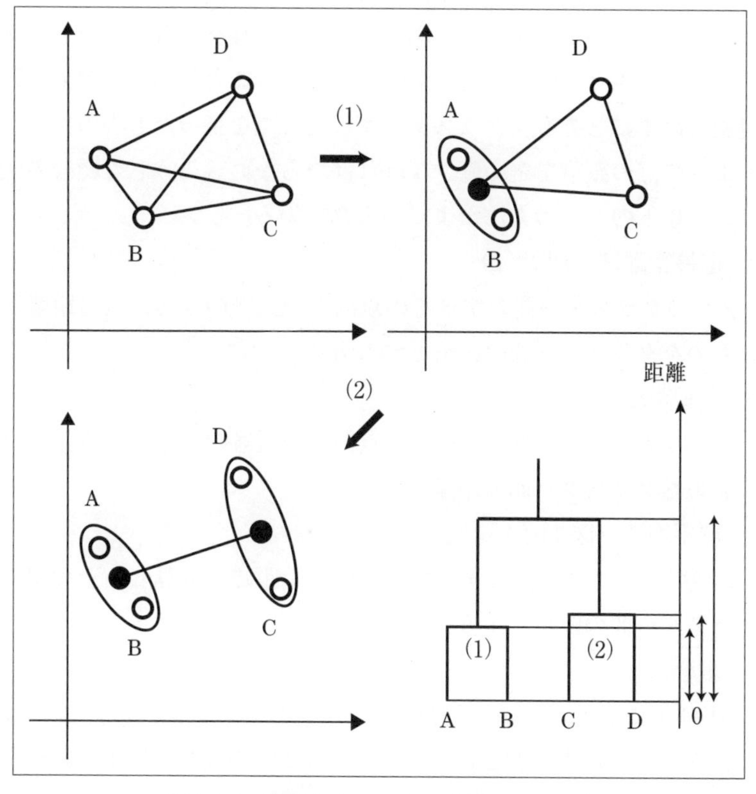

図 11-1　階層的クラスター分析のイメージ

この手法では、

1) まず、2つずつの組み合わせごとの距離を計算する。
2) 最も距離の近いものを1つのクラスターとする。これによって、n 個の要素からなっていたとすると、$n-1$ 個の点へと変わる。
3) このようにして1つ減った要素に対して、あらためてそれぞれの距離を計算する。

という作業を繰り返すことになる。これを図にしたものが図11-1である。図11-1の右下のように構造をまとめた図のことを**樹形図**（dendrogram）という。樹形図の高さが点を結合した際の距離を表している。

ここでの計算のポイントは、図に示すように点を結合してできたクラスターと他の点との距離をどうするか、ということである。改めて距離を定義し直すにしても、クラスターが似た特徴を持ったものの集まりとなるように点の距離を定め直さなければならない。こうした距離の定め方として以下の5つの方法がよく知られている。

1) **最長距離法**（図11-2）

2つのクラスター間のすべての点同士の距離のうち、最も距離が長いものをクラスター間の距離とする方法。

2) **最短距離法**（図11-2）

2つのクラスター間のすべての点同士の距離のうち、最も距離が短いものをクラスター間の距離とする方法。

3) **群平均法**（図11-2）

2つのクラスター間のすべての点同士の距離を計算し、その平均をクラスター間の距離とする方法。

4) **重心法**

図11-1に示すように、それぞれのクラスターの重心の点を新たにそのクラスターの代表点として定め、それぞれの代表点同士の距離を求

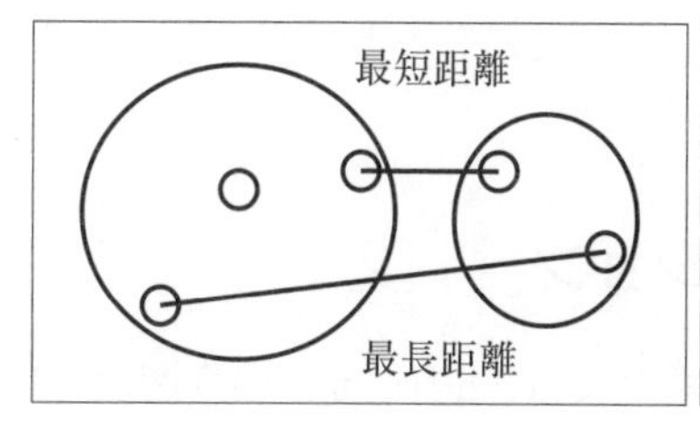

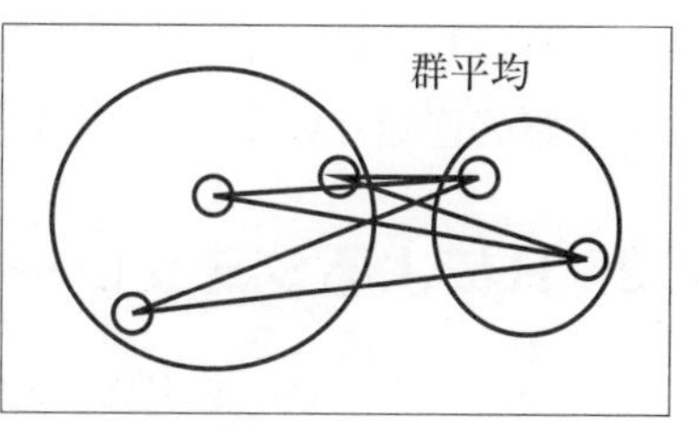

図 11-2　クラスター間の距離

める方法。

5）**ウォード法**

クラスターが大きくなりすぎないように、クラスター内の距離の平方和（距離の 2 乗の和）が最も増えないようなクラスターを作成する方法。最短距離法の場合、クラスターの内側に他のクラスターの点と近いものがあれば、それが最短距離として採用され、クラスターを結合する。このようなことを繰り返していくと、クラスターが点を吸収してどんどん大きくなる。すると鎖状の樹形図が作られやすいという傾向がある（図 11-3ⓐ参照）。これを**鎖状効果**（chain effect）という。

しかし、近いもの同士が形成している集団を見つけ出したいという場合もある。そこでウォード法は、クラスター内の距離の 2 乗の和を計算し、この値が最も増えないような点を追加する。そこで点を付け加えたらクラスター内の距離の和がどれだけ増えるかという値を計算し、これを距離の代わりにする。

以上、グループ間の距離の計算について説明した。このように、点を結合して 1 つのグループとするたびに距離を計算し直す。そのため、点を結合したことによって、クラスター間の距離が前よりも短くなるということもある。樹形図においては、高さが点と点の距離を表す。この高さは、最初の点と点との距離ではなく、最終的に結合する時の距離を利用している。したがって、樹形図で上下が逆になるということも起こる。これを**距離の逆転**という（図 11-3ⓑ参照）。

11.2 Rによるシミュレーション

Rで階層的クラスターを実施する場合には、hclustという関数を用いることができる。ここでは詳細は省略するが、先ほどの5つの方法では、重心法やウォード法の場合であっても、新たに作られたクラスター同士の距離も、もともとの点同士の距離をもとに計算することができる。したがって、階層的クラスター分析の場合にはもともとの座標がわかっていなくても、点と点の距離がわかっていれば分析を行うことができる。

そこで、例として第10章で扱った山手線のデータを用いて、Rで計算を行ってみよう（p.165 表 10-1）。

距離行列は対角成分が0の対称行列だった。このうち左下の半分の部分だけのデータがあれば十分だった。hclust() は cmdscale() と同じように、この距離形式のデータを入力として用いる。データを距離を表す対称行列として読み込んだ場合には as.dist() という関数によってデータ形式を変換する。

```
> yamate1 <- as.dist(yamate0)
```

準備ができたら、hclust() を実行する。出てきた結果を plot() の入力として与えると樹形図を描いてくれる。

```
> yamate4 <- hclust(yamate1)
> plot(yamate4)
```

hclust で、距離を計算する方法を指定する場合には、method=で指定する。何も指定しないと最長距離法になる。例えばウォード法であれば、

```
> yamatewa <- hclust(yamate1,method="ward.D2")
```

と指定する。他の場合であれば、表 11-1 のように指定する.

表 11-1　hclust での方法の指定

方法	引数
最短距離法	single
最長距離法	complete
群平均法	average
重心法	centroid
ウォード法	ward.D2

山手線の距離データを、最短距離法、重心法によって求めた結果を図 11-3 に示す。これを見ると、最短距離法で鎖状効果が、重心法で距離の逆転が起きていることがわかる。

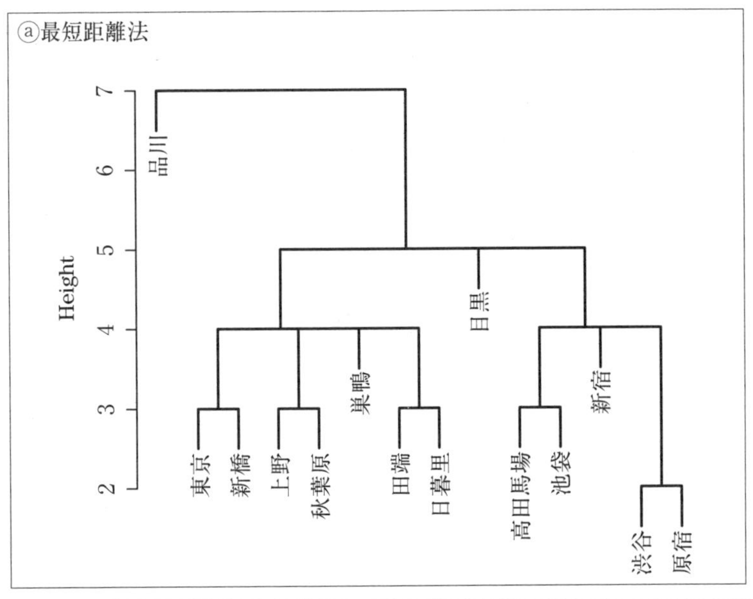

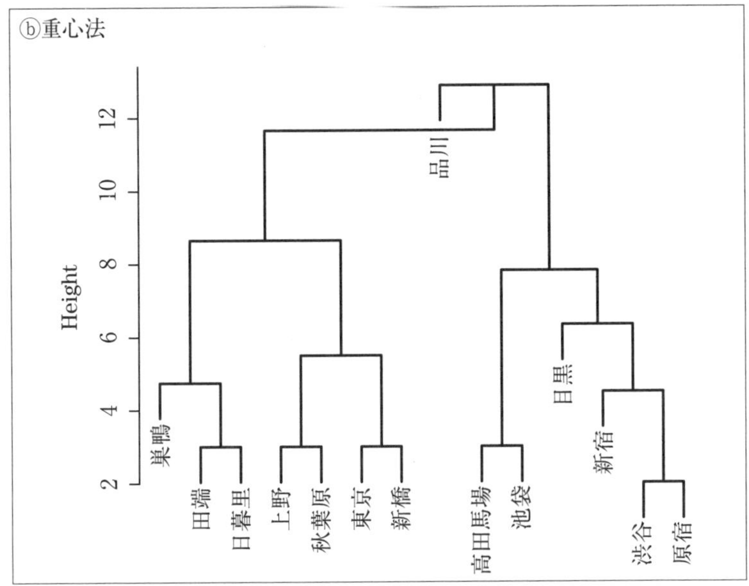

図 11-3　山手線データの樹形図

11.3　非階層的クラスター分析

階層的クラスター分析では、各点同士の距離がわかっていればそれを樹形図として表すことができた。しかし、点の数が多い場合に出てくる結果は見にくい。また、クラスターに分類する場合、大体望んだ数のグループに分けることができればよい場合もあるだろう。そこで、次に**非階層的クラスター分析**について説明する。ここでは、**k-means 法**について述べる。k-means 法とは名前のとおり、データを k 個のクラスターに分ける方法のことをいう。

今、全部で N 個の点があるとし、データの座標が与えられている状況を考える。k-means 法でも、手順によって細かな違いは多少あるが、例えば次の手順で計算する。

1）まず k 個の点をランダムに選び、グループの中心の点であると考える。もしくは、最初に無作為に k 個のグループに分けて、各グループの重心を代表の点にする。ここでは説明を簡単にするため、最初にランダムに k 個の点を選んだ状態を考える。

2）残りの $N-k$ 個の点に対して k 個の代表点との距離を計算し、一番近い点のグループに属することにする。これによって、すべての点がとりあえず k 個のグループに分かれることになる。

3）このようにして作られた k 個のグループごとにそれぞれの座標から重心の点の座標を計算し、その重心の点をあらためてグループの中心とする。

4）全部の点に関してその代表の点との距離を計算し直し、一番近いグループに属するようにグループをシャッフルする。

以降、この手順を繰り返す。最初にグループの中心をどのように決めるか、また決まったグループごとの中心をどのように決めるか、他の点との距離をどのように計算するのかによって、いくつかの種類があるが、基本的な手順は上のようになる。

これを例をもとに考えてみよう。6 個の点の座標が図 11-4 の表のように与えられているものとする。ここで、各点の距離はユークリッド距離、つまり、2 点 $(x_1, y_1), (x_2, y_2)$ の距離を

$$d = \sqrt{(x_1 - x_2)^2 + (y_1 - y_2)^2}$$

と計算するものとする。

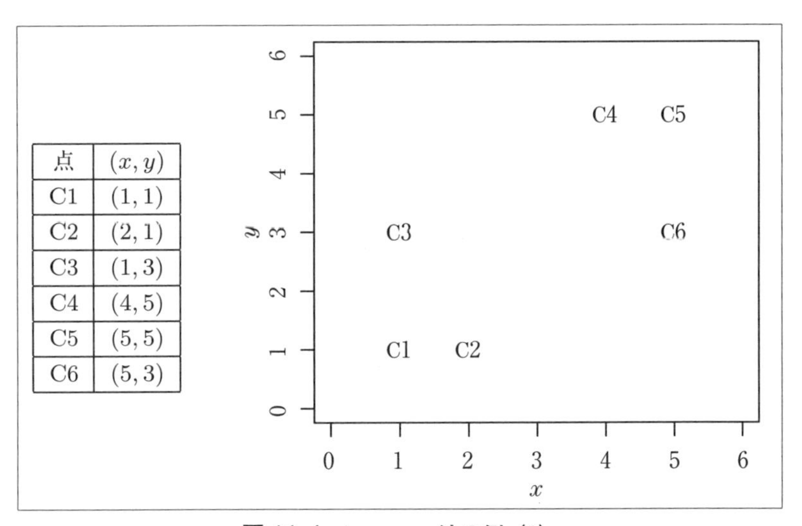

点	(x, y)
C1	$(1, 1)$
C2	$(2, 1)$
C3	$(1, 3)$
C4	$(4, 5)$
C5	$(5, 5)$
C6	$(5, 3)$

図 11-4　k-means 法の例（1）

これを 2 つのグループに分けることを考えよう。まず、初期の中心となる点として、C1 と C2 が選ばれたものとする。すると、C1 に近い点として C3 が、C2 に近い点として C4、C5、C6 があるから、2 個の点からなるクラスター C1、C3 と、4 個の点からなるクラスター C2、C4、C5、C6 という 2 つのクラスターに分かれることになる。

このように分けることができたら、次にそのクラスターの中心となる点を定める。今、中心の点はクラスター内の点の重心であるとしよう。すると、C1 と C3 の方であれば、

$$\left(\frac{1+1}{2}, \frac{1+3}{2}\right) = (1, 2)$$

C2、C4、C5、C6 の方は

$$\left(\frac{2+4+5+5}{4}, \frac{1+5+5+3}{4}\right) = (4, 3.5)$$

と求めることができる。そこで、もう一度、この中心点に近い点と遠い点とでグループ分けを行うと、最終的に C1、C2、C3 からなるクラスターと C4、C5、C6 からなるクラスターに分かれる。さらに、これに基づいて計算しても点の入れ代わりがないので、これで計算が終了となる。この手順を図にすると、図 11-5 のようになる。

実際に計算してみよう。それぞれの距離の 2 乗を表にし、どの点に近いかを表にすると次のようになる。

点	C1	C2	
C1	0	2	-
C2	2	0	-
C3	4	5	C1
C4	25	20	C2
C5	32	25	C2
C6	20	13	C2

点	P1(1,2)	P2(4,3.5)	
C1	1	15.25	P1
C2	2	10.25	P1
C3	1	9.25	P1
C4	18	2.25	P2
C5	25	3.25	P2
C6	17	1.25	P2

これによって、C1、C2、C3 からなるクラスターの中心 Q1 と、C4、C5、C6 からなるクラスターの中心 Q2 の座標はそれぞれ、

$$Q1\left(\frac{4}{3}, \frac{5}{3}\right), Q2\left(\frac{14}{3}, \frac{13}{3}\right)$$

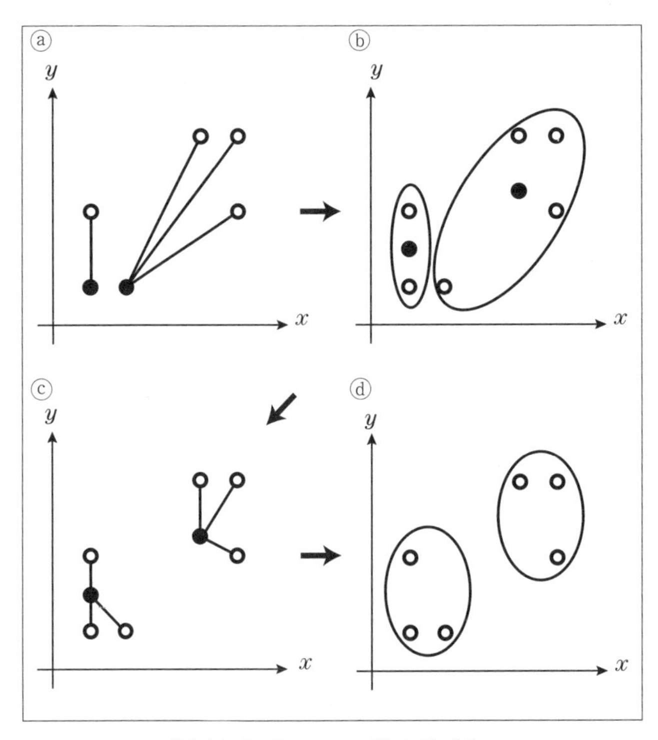

図 11-5　k-means 法の例（2）

となるから、小数第 3 位まで計算すると

点	Q1(1.333,1.667)	Q2(4.667,4.333)	
C1	0.566	24.556	Q1
C2	0.889	18.222	Q1
C3	1.889	15.222	Q1
C4	18.222	0.889	Q2
C5	24.556	0.556	Q2
C6	15.222	1.889	Q2

となって、クラスターの点の入れ替えは起こらないので、これで計算が終了する。

11.4　R によるシミュレーション

R で k-means 法を使うには、kmeans() という関数を使う。多次元尺度法や階層的クラスター分析の場合には、2 点間の距離を入力として与えていたが、kmeans() ではそれぞれの点の座標を入力とする。

それでは、先ほどの例を実際に計算してみよう。下のようなファイルが ch112.dat という名前で作業フォルダにあるものとする。

```
name  x  y
 C1   1  1
 C2   2  1
 C3   1  3
 C4   4  5
 C5   5  5
 C6   5  3
```

これを km1 という名前で読み込む。1 列目は行の説明なので、row.names="1" という引数を加えておく。

kmeans() という関数では、まず座標のデータと分けるクラスター数を指定する。何も指定しない場合、繰り返しの最大回数は 10 回となる。

```
> km1 <- read.table("ch112.dat",h=T,row.names=1)
> km2 <- kmeans(km1,2)
```

結果を見てみよう。

```
> km2
K-means clustering with 2 clusters of size 3,3

Cluster means:
          x         y
 1  1.333333  1.666667
 2  4.666667  4.333333
Clustering vector:
C1 C2 C3 C4 C5 C6
1 1 1 2 2 2

Within cluster sum of squares by cluster:
[1] 3.333333 3.333333
⋮
(略)
```

となる。km2 には様々なデータが含まれているが、km2 の後に$cluster をつけたものがクラスターの番号分けの値、$centers をつけたものが最終的な代表点の座標である。結果を図示するには、実行前に読み込んだ km1 をクラスターごとに違うタイプの点の種類でプロットしよう。

```
> plot(km1,pch=km2$cluster)
> points(km2$centers,pch=8)
```

とすればよい。最初に plot(km1,⋯) でクラスターごとに点の形を変えてプロットしている（pch を col とすると色が変わる)。2 行目は計算後の km2$centers というクラスターの中心の点を新たに付け加えている(pch=8 が点の種類を指定している)。これを図示すると、図 11-6 のようになる。

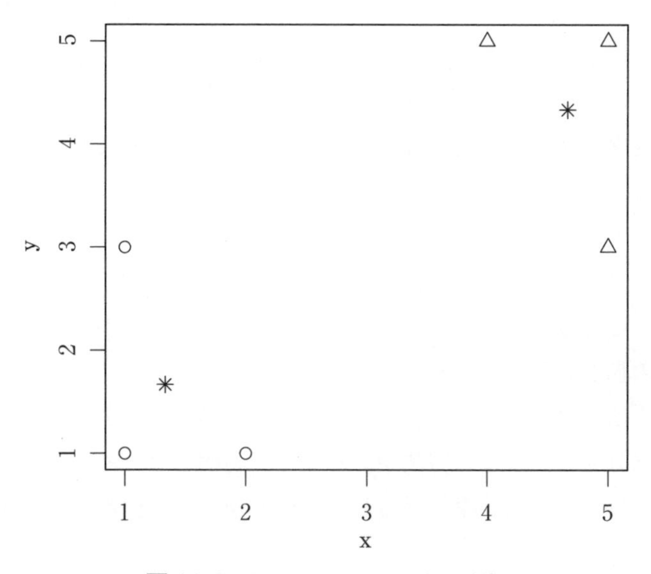

図 11-6　R での k-means 法の計算

11.5　まとめと展望

この章ではデータをいくつかのグループに分ける方法について説明した。多くのグループがある場合にはそれを分けるというのは分析の第一歩ともいえる。前章までが数学の問題を解くという手順のような説明であったのに対して、今回はコンピュータにある作業をさせる、特にコンピュータにデータを分割させるという作業を行う処理の手順について説明した。このように、問題を解くといった作業を行う場合の処理の手順のことを**アルゴリズム**という。

コンピュータは単純作業が得意である。多くの繰り返し作業を人よりも速く確実に行ってくれる。そのため大規模なデータを扱う場合には、コンピュータに計算をさせる方がよい。しかし、そうであっても、どういう手順によって何を計算しているのか、どのような問題がありうるのかといった事柄をきちんと理解しておくことが大事である。

階層的クラスター分析では、近い点同士をまとめることによって樹形図を作成した。樹形図を上から順に見ると、全体で１つ、次に枝分かれして２つというように順にグループの個数が増えていく。そこで、ある個数に分けたいという場合には、このように上から順に枝分かれを見ることによって分類することができる。この時の判断基準としてそれぞれの距離の値を利用すればよい。

この手法では、結合したクラスター間の距離をどのように定めるのかという部分でいくつかの方法があることを説明した。そして、その方法によっては異なった結果が得られる。重心法など、距離が逆転することもあった。

いろいろな方法がある中でどの方法にするのかということについては目的にも依存する。出てきた結果を測る指標もいくつか提案されているが（詳細は文献［1］などを参照してほしい）、いくつかの手法を試した上で、目的に応じて見比べる必要があるだろう。

次に非階層的クラスター分析について説明した。階層的クラスター分析で多くのデータの樹形図を作ると図が複雑になる。また、実際にはある程度の個数に分けたいといった個数が決まっている場合も多い。

k-means 法は、無作為にいくつかの点を選び、それに基づいてグループ分けを繰り返すという方法であった。この時、クラスターの大きさを代表点とクラスター内の各点との距離の合計であるとすると、繰り返しグループ分けをするたびに距離の合計は減っていく。このようにクラスターの大きさは小さくなっていく。しかし、どの点を最初に選ぶかによって、異なる結果となることもある。このように絶えずクラスターの大きさが最小になるということではない。

この章では、クラスターに分ける手法について述べた。できたクラスターとはデータの特徴を反映したものであるが、今回の方法では、そのクラスターが何を表しているのかといったことまで教えてくれるものではない。出てきた結果を見て、それが何を表しているのかといったことを人の手によって判断するということも大事なプロセスであるといえよう。

参考文献

[1] 金明哲、“R によるデータサイエンス”、2007、森北出版
[2] 豊田秀樹、“データマイニング入門”、2008、東京図書
[3] マイケル J. A. ベリー、ゴードン S. リノフ、“データマイニング手法―営業、マーケティング、カスタマーサポートのための顧客分析―”、SAS インスティチュートジャパン、江藤淳、佐藤栄作・訳、1999、海文堂出版
[4] 元田浩、津本周作、山口高平、沼尾正行、“データマイニングの基礎”、2006、オーム社
[5] 山口和範、高橋淳一、竹内光悦、“図解入門　よくわかる多変量解析の基本と仕組み”、2004、秀和システム

演習問題 11

【問題】

1) クラスター分析について述べた次の文について、誤っている部分を直せ。
   (a) コンピュータに計算をさせる時などの処理の手順のことをアノニマスという。
   (b) 階層的クラスター分析では、まずデータを2個に分け、さらに細かく分類するといったトップダウンのアプローチで分析を行う。
   (c) クラスター間の距離の平方和が最も増加しないような点をクラスターに追加する方法のことを群平均法という。
   (d) k-means 法はクラスターに近い距離に基づいて分類しているので毎回必ず同じ結果になる。
   (e) R で k-means 法のプログラムである `kmeans` を使う場合には、各点と点の距離を表すデータを入力とする。
2) 実際に `hclust` と `kmeans` を利用してみよ。

解答

1) 一例として以下のように修正することができる。
   (a) コンピュータに計算をさせる時などの手順を表現したものをアルゴリズムという。
   (b) 階層的クラスター分析は、クラスターを結合することでデータ数を減らすボトムアップ型のアプローチで分析を行う。
   (c) クラスター間の距離の平方和が最も増加しないような点をクラスターに追加する方法のことをウォード法という。
   (d) k-means 法は最初に選ぶ代表点によって異なる結果が得られるこ

とがある。

(e) R で k-means 法のプログラムである `kmeans` を使う場合には、各点の座標データを入力とする。

2) 省略。

ふりかえり

1) クラスター分析（`hclust()`、`kmeans()`）に用いるデータはどのような形式だったのか確認してみよ。

2) クラスター分析を行うとするとどんなデータを準備する必要があるのか考えてみよう。

12 アソシエーション分析

《概要》 相関関係とは関係を表すものであるが、どちらが原因でどちらが結果かという因果関係を表すものではない。今回はデータをもとに「A ならば B である」といった因果関係を表す手法として連関（アソシエーション）分析について扱う。

《学習目標》

1）因果関係を表すルールについて理解する。
2）アソシエーションルールで利用する指標を理解する。
3）パッケージ `arules` を使いルールを見つける。

《キーワード》 支持度、信頼度、期待信頼度、リフト値

今回は、**アソシエーション分析**（association analysis）について扱う。

2種類のデータ間に関係があるかないかを調べる場合、今までは共分散や相関係数といったものを見てきた。相関係数の値の絶対値が大きければ、関係があることを意味していた。しかし、これはあくまでも関係があるということであり、どちらがどちらに影響を与えているかを直接表しているものではなかった。今回は「もし A ならば B である」という関係（**因果関係**）について扱う。

12.1 POS システム

近年、店舗で商品を販売する際には商品の情報をあらかじめコンピュータに登録し、売り上げや在庫の情報を管理できるようになった。これによって、正確な在庫管理ができるだけでなく、どういった商品がどういった時に売れているのかといった販売記録などの情報を入手できるように

なった。このようなシステムを**POS システム**（Point of Sales system：ポスシステム）という。

こうしたマーケティングの話として、第 1 章でスーパマーケットでの「紙おむつ」の話を述べた。あるスーパーマーケットで客の購入履歴を調べたところ、週末の夕方になると、「紙おむつ」を買った人の中で、同時に「ビール」を買っている人が多いという特徴のことであった。そして、この話は、POS システムによって購買データのすべてを扱うことができるようになり、大量の種類の商品の組み合わせを調べてみた結果、興味深いルールを拾い出すことができたということである。この点で、限られたサンプルを用いた標本調査とは違う特徴がある。

12.2　アソシエーションルール

先ほどの例において、「紙おむつを買う」、「ビールを買う」といった出来事のことを**事象**という。「紙おむつを買う」という事象を A、「ビールを買う」という事象を B として、「紙おむつを買う人はビールも買う」ということを $A \Rightarrow B$（A ならば B）と書く。例えば、「ビールを買う人は紙おむつも同時に買う」ということを表したいのであれば、$B \Rightarrow A$ と書く。このような条件文のことを**アソシエーションルール**（association rule：**連関規則**）という [1)]。**アソシエーション分析**とは、起こりうる様々なルールの中から有用なルールを抽出する手法のことをいう。アソシエーション分析は、買い物かごの分析ということで **バスケット分析**ともいう。

ここで条件式について考えるために、別の例として、「横浜市民である」という事象（A）と「神奈川県民である」という事象（B）について考えてみよう。この場合、横浜市民であれば、神奈川県民であるからルール $A \Rightarrow B$ は成り立っている。しかし、神奈川県民であっても、川崎市や相模原市に住んでいるかもしれないので、必ずしも $B \Rightarrow A$ が成り立つ

1） 統計の相関と区別するためここでは連関という訳を用いたが、データマイニングの分野ではアソシエーションを相関と訳す場合も多い。

とは限らない。「紙おむつ」の例でいうと、「ビールを買った人が紙おむつを買うことが多い」ということと「紙おむつを買った人がビールを買うことが多い」ということとは意味が違う。このように、矢印の向きは大きな意味を持っている。そこで、このルール $A \Rightarrow B$ において、A を**条件部**（rule head：**ルールヘッド**）といい、B を**結論部**（rule body：**ルールボディ**）という。

こうしたルールを抽出するために、いくつかの量を定義しよう。様々な購買記録などにおいて、A が起こった回数をすべてカウントし、この回数を $n(A)$ と書く。同様に B という事象が起こった回数を $n(B)$ とする。そして、すべての事象 Ω の回数を $n(\Omega)$ としよう。また、A と B が同時に起こる事象回数、先ほどの例でいえば、「紙おむつとビールを両方買う」事象の起きた回数を $n(A, B)$ と書く。

アソシエーション分析ではこの値をもとに次の 4 つの値をそれぞれ計算する。このように判断基準として用いる値を**指標**という。

1) **期待信頼度**（expected confidence）：B が起こる確率

$$p(B) = \frac{n(B)}{n(\Omega)} \tag{12.1}$$

2) **支持度**（support）：A と B がともに起こる確率

$$p(A, B) = \frac{n(A, B)}{n(\Omega)} \tag{12.2}$$

3) **信頼度**（confidence）：A が起こった前提で、B が起こる確率

$$p(B|A) = \frac{n(A, B)}{n(A)} \tag{12.3}$$

$$= \frac{p(A, B)}{p(A)} \tag{12.4}$$

4) **リフト値**（lift）：信頼度を B が起こる確率で割ったもの

$$\frac{p(B|A)}{p(B)} = \frac{p(A, B)}{p(A)p(B)} \tag{12.5}$$

今、$A \Rightarrow B$ という条件について考える。さらに、複数の商品を購入する場合について考えてみよう。例えば、A を { 紙おむつ、ポテトチップ } を買った場合、B を { ビール } を買った場合であるとする。この時、A と B がともに起こるとは、{ 紙おむつ、ポテトチップ、ビール } を買っているという場合のことを意味する。

では、複数のアイテムとして、A として { 紙おむつ、ポテトチップ }、B として { ビール、ポテトチップ } といったことを考えてみよう。この場合、A と B が同時に起こるというのは、「紙おむつとポテトチップ」を買っていて、なおかつ「ビールとポテトチップ」も買っているという場合であり、つまり、「紙おむつ」と「ポテトチップ」と「ビール」を買っている { 紙おむつ、ポテトチップ、ビール } であると考えることができる。しかし、このようなケースを想定するのはあまり意味がないので、今後は、A と B ではこのような重複がないものとして考える。

さて、これを図で書くと図 12-1 のように表すことができる。

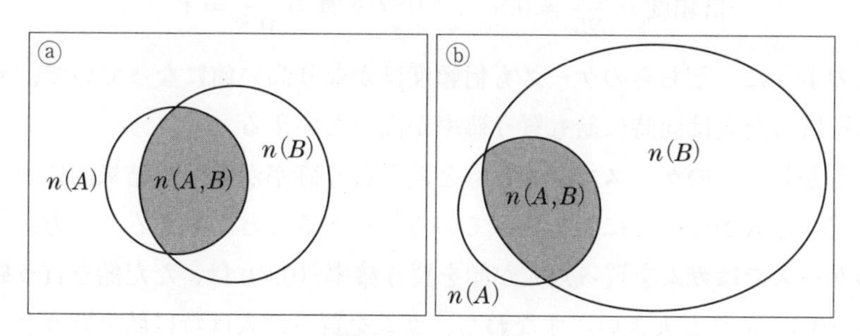

図 12-1　ベン図

図 12-1 において、次のような状況を考えてみよう。この図がⓐやⓑという店で A { ガム }、B { 飴 } を買う人の数を表しているとしよう。これについて、$A \Rightarrow B$ というケースについて考えてみよう。

	ⓐ		ⓑ
$n(\Omega)$	100	$n(\Omega)$	100
$n(A)$	25	$n(A)$	25
$n(B)$	40	$n(B)$	80
$n(A,B)$	20	$n(A,B)$	20

この時、それぞれの値を計算すると、

ⓐの時

$$\text{支持度} = \frac{20}{100} = 0.2 \quad , \quad \text{期待信頼度} = \frac{40}{100} = 0.4$$
$$\text{信頼度} = \frac{20}{25} = 0.8 \quad , \quad \text{リフト値} = \frac{0.8}{0.4} = 2$$

ⓑの時

$$\text{支持度} = \frac{20}{100} = 0.2 \quad , \quad \text{期待信頼度} = \frac{80}{100} = 0.8$$
$$\text{信頼度} = \frac{20}{25} = 0.8 \quad , \quad \text{リフト値} = \frac{0.8}{0.8} = 1$$

このように、どちらのケースも信頼度はかなり高い値になっていて、ガムを買った人は同時に飴も買う確率が高いといえる。

しかし、ⓑのケースではもともと飴を買う確率が高く、結果的にガムを買った人がついでに飴を買っていると考えることができる。一方、ⓐのケースではガムを買った人が飴を買う確率（0.8）は、ただ飴を買う確率（0.4）よりも大きい。すなわち、ガムを買った人は特に飴を買うという傾向があることがわかる。

リフト値についてもう一つの例を考えてみよう。宝くじが当たると評判の売り場があるとしよう。その評判が本当かどうかを確認したいとする。ここで、A がその評判の売り場で宝くじを買うという事象、B は宝くじが当たる事象であるとしよう。今、知りたいのは、その店が特によ

く当たるのかどうかということである。このとき、$p(B)$ はどの店でもよいので宝くじが当たる確率で、$p(B|A)$ はその売り場で宝くじが当たる確率である。したがって、リフト値が 1 より大きいということは、その売り場で買う方が通常の当たる確率よりも高いと考えることができる。

後に述べる例のように、店で扱う商品の数が増えると購入される商品の組み合わせも多様になり、信頼度の値自体は小さくなる。したがって、支持度や信頼度の値がいくつだから意味があると判断できないことがある。その場合にはリフト値が 1 より大きいということが 1 つの基準になる。

12.3　R によるシミュレーション

ではこれを R にて計算してみよう。シミュレーションには、`arules` というパッケージの中にある `apriori` という関数を用いる。これは**アグラワル**（R. Agrawal）らによって提案された**アプリオリ**というアルゴリズムに基づいた関数である。

先ほどは「A ならば B である」というルールに関して、どのような指標を調べるのかということについて説明した。このように、一つ一つの指標の計算自体は単純であった。しかし、アソシエーション分析では、あらかじめ調べたいルールがわかっているわけではない。多くのアイテムの組み合わせについて調べてみて、その中から意味のあるルールを抽出しようとするのである。そのため、調べる組み合わせの数は非常に多くなってしまう。

例えば、飲み物のみを扱っている店を考えてみよう。この時、調べた結果、「コーヒー」と「紅茶」の両方を買っている人が同時に「烏龍茶」を買っている、というように複数のアイテムの組み合わせからなるルールに意味があるということが起こるかもしれない。このように、まずは調べる段階では複数の商品からなる組み合わせもすべて考慮に入れて調べる必要があるだろう。

そこで、アプリオリではまず支持度に着目し、この値が基準よりも小さいものを無視することで調べる集合の組み合わせを減らそうという工夫を行う。例えば、「A ならば B である」というルールについて考えてみよう。この時、支持度というのは A と B が同時に起こる確率を意味していた。したがって、支持度が小さいということは、「A ならば B である」という状況が起こるのはとても少ないということを意味している。このように支持度が小さいのはあまり起きない事柄であり、ルールとして意味があったとしても、影響があまりないルールであると考えることができる。

また、「コーヒー」を買っている人が「紅茶」を買うかどうかということを考えてみよう。この時、支持度が小さいということは、「コーヒー」と「紅茶」を同時に買うのが非常に少ないということである。そうであれば、「コーヒー」と「紅茶」と、さらに「烏龍茶」という3つの商品を同時に購入するケースはさらに起こりにくいと考えることができる。その結果、「コーヒー」と「紅茶」を含む3つ以上の商品の組み合わせについては無視することができる。

このように、最初に支持度の最小値を設定し、それよりも割合の小さな組み合わせの集合を無視することにすれば、あるアイテムの組み合わせが無視できる時、その組み合わせにさらに他のアイテムを組み合わせた集合も無視できることになり、結果的に計算の手順を減らすことができる。アプリオリは、よく起こるアイテムの組み合わせをすべて調べるために、最小の支持度を設定し、まずその値よりも小さい、滅多に起きない組み合わせのみ除外して考える。そのもとで次に、ある値以上の信頼度について、意味のあるルールを探すということをする。

では、実際に使ってみよう。初めて使う場合には、arules というパッケージをインストールする必要がある。それについては巻末の付録 A を参照してほしい。

インストールされていたら、パッケージを使うために読み出す。すると次のように表示される。

```
> library(arules)
要求されたパッケージ Matrix をロード中です。
                    ⋮
>
```

今回は主に、inspect()、apriori()、itemFrequency()、sort() といった関数を使う。また、データとしては、arules のパッケージに付随したデータである Groceries を使う（文献 [5]）。これは、ある食料雑貨店で収集した 1 カ月間の POS データである。牛乳などの 169 の品目（item）に対して、9835 件の購入履歴のデータが含まれている。以下の例では、Groceries という名前が長いので、g0 という名前であるとする。

まずこのデータを見てみよう。データは各行に何を買ったかということを示す 9835 行からなる。この 9835 行の各行のことを**トランザクション**（transaction）という。

このデータをファイルに保存して実際に見てみよう。R では、トランザクションデータは transactions という形式で表されている。このデータを保存するには、as() という関数を用いて、**データフレーム形式**に変換してテキストとして保存するか、**行列形式**に変換して、テキストや CSV 形式でファイルとして保存する。

```
> data(Groceries)
> Groceries
transactions in sparse format with
9835 transactions (rows) and
169 items (columns)
> g0 <- Groceries
> gfrm0 <- as(g0,"data.frame")
> write.table(gfrm0,"gsdata.txt")
> gmat0 <- as(g0,"matrix")
> write.csv(gmat0,"gsdata2.csv")
```

データフレーム形式で保存されたデータには、図 12-2 に示すように、それぞれの人が何を購入したのかが書かれている。

```
                                                "items"
"1" "{citrus fruit,semi-finished bread,margarine,ready soups}"
"2" "{tropical fruit,yogurt,coffee}"
"3" "{whole milk}"
      ⋮
   (略)
```

図 12-2 Groceries データ（データフレーム形式）

行列の形式で保存した場合には、各列がそれぞれの品目を表し、購入していたら 1、そうでなければ 0 という形で表現されている（図 12-3）。

このように、9835 × 169 の行列になって表示される。このデータの場

```
,"farnkfurter","sausage","liver loaf","ham,meat",···,(略)
"1","FALSE","FALSE","FALSE","FALSE","FALSE",···,(略)
"2","FALSE","FALSE","FALSE","FALSE","FALSE",···,(略)
"3","FALSE","FALSE","FALSE","FALSE","FALSE",···,(略)
    ⋮
    (略)
```

図 12-3　Groceries データ（行列形式）

合、169 個の商品があるが、購入する商品の数はそれほど多くないので、行列はほとんどの成分が 0 となる。このような行列を**疎**（または**スパース**：sparse）であるという。

データが準備できたので、まずは実際に試してみよう。apriori(g0) というコマンドを実行する。

すると、図 12-4 に示すような結果が得られる。関数 apriori() はオプションで多くのパラメータを設定することができる。今回は何も指定しなかったのでデフォルトの値が読み出される。そこで、apriori では、何も指定しないと、信頼度（confidence）が 0.8 以上、支持度（support）が 0.1 以上のものを調べることになっていた。支持度が 0.1 以上ということは、そうした商品の組み合わせを全体の 1 割以上の客が買うということである。しかも、信頼度が 0.8 以上のもう一つの商品とは、ある商品を買った 8 割のお客が必ず選ぶものであることを意味している。そうした条件で調べたところ、そのようなルールは見つからなかったという結果になった。

後で個々のアイテムの頻度については調べるが、まずは、apriori の使い方を知るために、この最低支持度や最低信頼度の値を変えてシミュレーションしてみよう。支持度や信頼度の値を指定するためには、

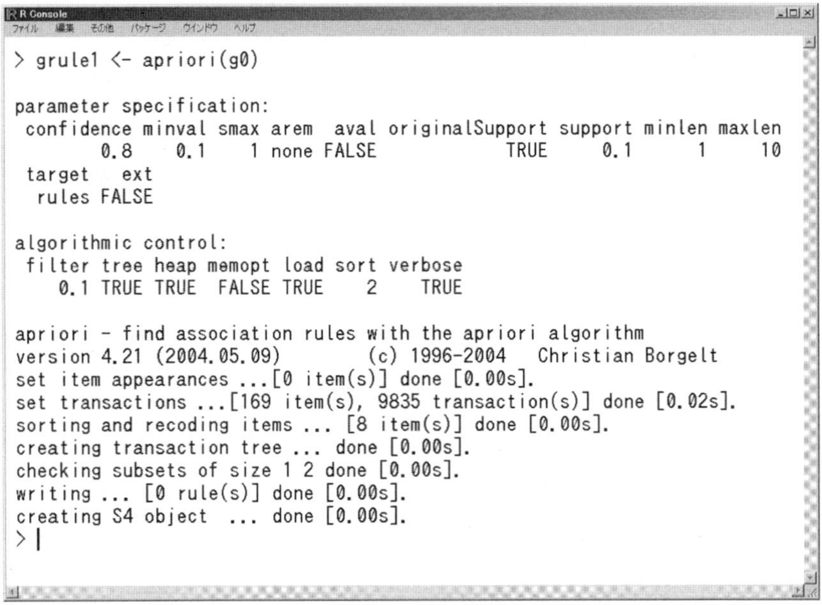

```
R Console
ファイル 編集 その他 パッケージ ウインドウ ヘルプ
> grule1 <- apriori(g0)

parameter specification:
 confidence minval smax arem  aval originalSupport support minlen maxlen
        0.8    0.1    1 none FALSE            TRUE     0.1      1     10
 target   ext
  rules FALSE

algorithmic control:
 filter tree heap memopt load sort verbose
    0.1 TRUE TRUE  FALSE TRUE    2    TRUE

apriori - find association rules with the apriori algorithm
version 4.21 (2004.05.09)        (c) 1996-2004   Christian Borgelt
set item appearances ...[0 item(s)] done [0.00s].
set transactions ...[169 item(s), 9835 transaction(s)] done [0.02s].
sorting and recoding items ... [8 item(s)] done [0.00s].
creating transaction tree ... done [0.00s].
checking subsets of size 1 2 done [0.00s].
writing ... [0 rule(s)] done [0.00s].
creating S4 object  ... done [0.00s].
> |
```

図 12-4　apriori の実行

parameter=list() として値を設定する。これは図 12-5 に示すように、p=list() と省略して書くこともできる。

図 12-5 の parameter specification:の部分には、confidence と support の値が、それぞれ指定した値になっていることを確認しよう。writing··· の行では、support 値が 0.01 以上のルールが 15 個あることを意味している。

抽出されたルールを実際に見るためには、inspect() というコマンドを用いる。生成されたルールが多くある場合には、inspect() ですべてのルールを表示すると見づらいので、先頭からの数行を表示する head() という関数と、並び替えを行う sort() という関数を組み合わせて利用する（図 12-6）。

```
R Console
ファイル 編集 その他 パッケージ ウインドウ ヘルプ
> grule2 <- apriori(g0,p=list(support=0.01,confidence=0.5))

parameter specification:
 confidence minval smax arem  aval originalSupport support minlen maxlen
        0.5    0.1    1 none FALSE            TRUE    0.01      1     10
 target   ext
  rules FALSE

algorithmic control:
 filter tree heap memopt load sort verbose
    0.1 TRUE TRUE  FALSE TRUE    2    TRUE

apriori - find association rules with the apriori algorithm
version 4.21 (2004.05.09)        (c) 1996-2004   Christian Borgelt
set item appearances ...[0 item(s)] done [0.00s].
set transactions ...[169 item(s), 9835 transaction(s)] done [0.01s].
sorting and recoding items ... [88 item(s)] done [0.00s].
creating transaction tree ... done [0.00s].
checking subsets of size 1 2 3 4 done [0.00s].
writing ... [15 rule(s)] done [0.00s].
creating S4 object  ... done [0.02s].
> |
```

図 12-5　apriori におけるパラメータの設定（1）

ここで、sort() という関数には、R の基本セットに含まれる関数と arules というパッケージで追加された 2 種類の関数があり、どちらも同じ名前をしている。引数がトランザクションデータやアイテム集合の場合には、R の方で自動的に判断して、arules というライブラリに含まれている方の sort という関数が用いられる。

arules に含まれる sort() 関数は、by="" として指定した項目によって並べ替えを行う。例えば、信頼度（confidence）によって並び替えるのであれば、by="confidence" と指示する。図 12-6 を見ると、circuit fruit と root vegetables の両方を買った人は同時に other vegetables を買っている割合が高いということがわかる。この場合、lift 値が 3.0296 なので、これら 2 つを買った場合には、通常よりも高い確率で other

```
R Console
ファイル 編集 その他 パッケージ ウインドウ ヘルプ

> grule3 <- sort(grule2, by="confidence")
> grule4 <- head(grule3)
> inspect(grule4)
  lhs                     rhs                   support confidence     lift
1 {citrus fruit,
   root vegetables}  => {other vegetables} 0.01037112  0.5862069 3.029608
2 {tropical fruit,
   root vegetables}  => {other vegetables} 0.01230300  0.5845411 3.020999
3 {curd,
   yogurt}           => {whole milk}       0.01006609  0.5823529 2.279125
4 {other vegetables,
   butter}           => {whole milk}       0.01148958  0.5736041 2.244885
5 {tropical fruit,
   root vegetables}  => {whole milk}       0.01199797  0.5700483 2.230969
6 {root vegetables,
   yogurt}           => {whole milk}       0.01453991  0.5629921 2.203354
> 
```

図 12-6　生成されたルールの表示

vegetables を買うということがいえる。

アソシエーション分析の手順について説明した。ルールを見つけるためには、適切なパラメータの値を指定しなければいけなかった。そこで、まずもともとのデータに関してもう少し詳しく見てみよう。そのためには itemFrequency() を用いる。個々のアイテムの割合 $p(A)$ が表示される。単純に割合ではなく、頻度（件数）だけを見たいという場合には、type="absoulte"と指定する。

さらに、itemFrequencyPlot() という関数は自動的にヒストグラムを描いてくれる。今回のものは品目が多いので文字がつぶれてしまっているが、縦軸の値から頻度が小さいものが多いことがわかる（図 12-7）。

そこで、先ほどの itemFrequency() の結果を見てみよう。全部で 169 品目あるので、最初の数行と最後の数行を表示する関数である head()、tail() を用いる。

図 12-8 の例では、まず、itemFrequency(g0) の結果を gdat1 という

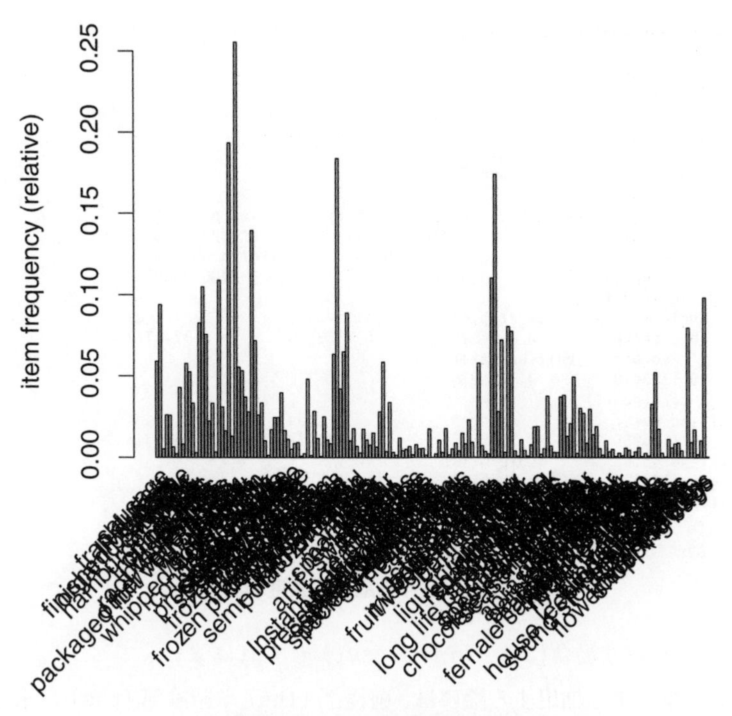

図 12-7　品目の頻度のグラフ

名前にして、head() という関数で、その最初の数行を表示している。次に、sort() という関数を用いて頻度の小さい順に並び替え、さらに、head() という関数と組み合わせて、商品の購入頻度の低い上位のアイテムを見ている。図 12-8 で使った sort() は arules というライブラリではなく、基本セットに含まれる関数であり、何も指定しないと小さい順に並び替える。逆に、値の大きいアイテムを見たい場合には、sort() の中で decreasing=T（または d=T）として大きい順に並べるように指定するか、tail(sort()) として小さい順の最後の数行を見ればよい。

このように、R の中で結果を見ることもできるが、ファイルに保存し

```
> gdat1 <- itemFrequency(g0)
> head(gdat1)
      frankfurter            sausage         liver loaf               ham
      0.058973055        0.093950178        0.005083884       0.026029487
             meat finished products
      0.025826131        0.006507372
> head( sort(gdat1) )
            baby food  sound storage medium preservation products
         0.0001016777          0.0001016777          0.0002033554
      kitchen utensil                  bags        frozen chicken
         0.0004067107          0.0004067107          0.0006100661
> head( sort(gdat1,d=T) )
      whole milk other vegetables        rolls/buns              soda
       0.2555160        0.1934926         0.1839349         0.1743772
          yogurt    bottled water
       0.1395018        0.1105236
> tail( sort(gdat1) )
   bottled water           yogurt              soda        rolls/buns
       0.1105236        0.1395018         0.1743772         0.1839349
other vegetables       whole milk
       0.1934926        0.2555160
> write.csv(gdat1,"item1.csv")
> |
```

図 12-8　個々の品目の頻度の表示

て見たいという場合には、write.csv() とすればよい。

また、ルールを抽出する際には、前提部 (lhs) や結論部 (rhs) に来る項目を指定したい場合もあるだろう。特定のアイテムを含んだルールだけを抽出したい場合には、appearance=list() で指定する。例えば、ルールの結論部 (rhs) に"whole milk"を含んだルールだけを抽出したいという時には、appearance=list(rhs="whole milk",default="lhs") と指定する。この default="lhs" は"whole milk"以外の品目が前提部や結論部のどちらか一方のみに含まれているルールのみを求めたいという場合に、品目が出現する場所を指定する（図 12-9）。この場合には、それ以外の商品が左辺ということなので、右辺は"whole milk"のみということになる。

このように、関数に与えるオプションであるパラメータが長くなる場

```
R Console
ファイル 編集 その他 パッケージ ウインドウ ヘルプ

> grule5 <- apriori(g0,parameter=list(support=0.005,confidence=0.7),
+ appearance=list( rhs="whole milk", default="lhs") )

parameter specification:
 confidence minval smax arem  aval originalSupport support minlen maxlen
        0.7    0.1    1 none FALSE            TRUE   0.005      1     10
 target   ext
  rules FALSE

algorithmic control:
 filter tree heap memopt load sort verbose
    0.1 TRUE TRUE  FALSE TRUE    2    TRUE

apriori - find association rules with the apriori algorithm
version 4.21 (2004.05.09)        (c) 1996-2004   Christian Borgelt
set item appearances ...[1 item(s)] done [0.00s].
set transactions ...[169 item(s), 9835 transaction(s)] done [0.00s].
sorting and recoding items ... [120 item(s)] done [0.00s].
creating transaction tree ... done [0.02s].
checking subsets of size 1 2 3 4 done [0.00s].
writing ... [1 rule(s)] done [0.00s].
creating S4 object  ... done [0.00s].
> |
```

図 12-9 apriori におけるパラメータの設定 (2)

合は、途中で Enter キーを押し改行した後、+というプロンプトの後に入力する。

最後にパラメータについてまとめておこう。apriori はトランザクションデータを入力とし、信頼度や支持度の値を設定する時には、parameter =list() の中で指定した。この他に、買い物のアイテムが増えてしまってルールがよくわからないという場合には、maxlen=3 という形で指定する。この場合、maxlen とは前提部（lhs）と結論部（rhs）に出てくる両方のアイテムを合計したものである。また、特定の商品を含むものを考える場合には、appearance=list() の中で指定した。

ルールが抽出できた場合には、inspect() でルールを表示する。ルールが多かった場合には、head() や tail() で最初か最後の数行を見る。

その際、行を並び替えるために sort() という関数を利用した。grule2 というオブジェクトに含まれているルールをある項目の値に従って並び替える場合には、sort(grule2,by="") と指定した。

12.4 まとめと展望

今回は、アソシエーション分析について説明した。条件付き確率を計算することで、因果関係を抽出した。この時の指標として、リフト値や信頼度などの 4 つの指標を説明した。

実際に計算する場合には、あらかじめ気になるルールについてのみ調べるのではなく、多くのアイテムの組み合わせについて調べて、その中から意味のあるルールを抽出することになる。そのため、データが多くなればなるほど調べる数が増え、計算量が増えてしまう。そこをうまく工夫したものがアプリオリというアルゴリズムであった。それによって、頻出のアイテム集合についてのルールを調べ尽くすことができた。

今回のこの計算のように何らかの判断基準を設定して計算すれば、ある結果を得ることができるが、出てきた結果が有用であるかどうか、なぜそうなるのかを判断するのは人であって、結果が出たからといって何でも意味があるとは限らない。こうした判断をするためにも、それぞれの計算について、どういう基準でどう計算したのかを理解しておくことは大事なことであろう。

参考文献

[1] 金明哲、“R によるデータサイエンス”、2007、森北出版

[2] 豊田秀樹、“データマイニング入門”、2008、東京図書

[3] 福田剛志、森本康彦、徳山豪、“データサイエンス・シリーズ 3　データマイニング”、2001、共立出版

[4] 山口和範、高橋淳一、竹内光悦、“図解入門　よくわかる多変量解析の基本と仕組み”、2004、秀和システム

[5] M. Hahsler, K. Hornik, and T. Reutterer, “Implications of probabilistic data modeling for mining association rules”, In M. Spiliopoulou, R. Kruse, C. Borgelt, A. Nürnberger, and W. Gaul (ed.), “From Data and Information Analysis to Knowledge Engineering: Studies in Classification, Data Analysis, and Knowledge Organization”, 2006, Springer-Verlag, pp.598-605

演習問題 12

【問題】

述べた次の文について、誤っている部分を直せ。

1) 支持度は1よりも大きな値を取ることがある。
2) リフト値は1以下の値を取る。
3) $A \Rightarrow B$ を求める時に、apriori では、リフト値に注目し、B の候補を減らす。
4) 購入した番号とその商品の部分集合からなる購入を表す表のことをインジェクションという。
5) アソシエーション分析で出てきた結果は定量的に根拠があり、直ちに活用できる。

解答

一例として以下のように修正することができる。

1) 支持度は1以下の値を取る。
2) リフト値は1よりも大きな値を取ることもある。
3) $A \Rightarrow B$ を求める時に、apriori では、支持度の値に注目し、B の候補を減らす。
4) 購入した番号とその商品の部分集合からなる購入を表す表のことをトランザクションという。
5) アソシエーション分析で出てきた結果は他の解析やその他の専門知識と併せて活用されるものである。

ふりかえり

1) ルールを見つける上でどんな点を難しいと感じたか書いておこう。
2) どういったデータに応用できそうか考えてみよう。

13 決定木

《概要》決定木とは条件分岐を木構造で表現したものであり、ある条件をもとにデータの集合を分割していくものである。まず、木構造について説明し、次にデータを分割するための判断基準について説明する。データを分類していくことによって、予測や判別を行う方法について述べる。

《学習目標》

1) グラフと木について理解する。
2) 分類木の分類手順について理解する。
3) パッケージ rpart を用いて分類木を作成できるようになる。

《キーワード》二分木、分類木、ジニ係数、不純度

13.1 木構造とデータの分割

相手に0から9までの数のうち、どれか1つを決めてもらい、いくつか質問をしていきながらその数を当てるというゲームを考えてみよう。ヒントには「はい」か「いいえ」で答えてもらう。その場合、最初に「5以上ですか？」と聞くとよい。すると「はい」という答えなら候補が5から9までの半分に減る。「1以上ですか？」と聞いたら、運よく「いいえ」と答えてもらえればよいが、「はい」という答えの時に候補が絞れなくなってしまう。「5」の次の質問は「7以上ですか？」と聞く。こうして候補の中央の値以上かそれより小さいかというやり取りを繰り返していけば、多くとも4回の質問でどれかに辿り着くことになる。

別の例として、住んでいる都道府県を考えてみよう。「首都圏かそうで

ないか？」「周りに海があるかどうか？」そういった条件によって住んでいる県を分類していけば、いくつかの質問で相手の住む県を当てることができるかもしれない。

こうした例はデータの集合をある条件をもとに分割していったものである。この例のように、考えている範囲をどんどんと狭めていこう。こうした作業を図で表すと、図 13-1 のように描くことができるだろう。

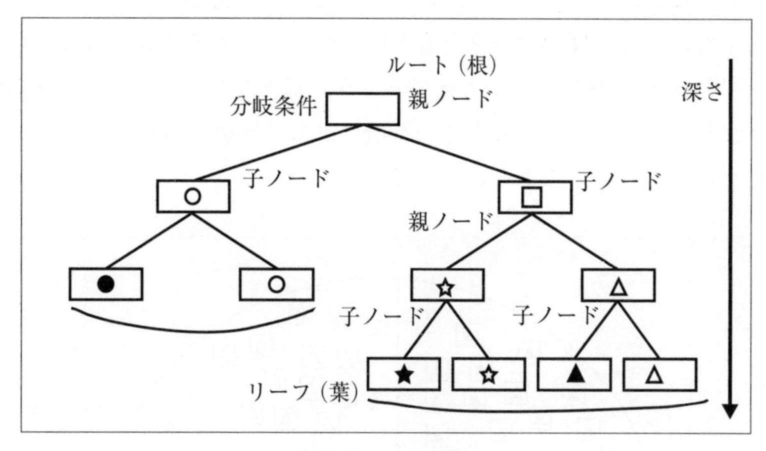

図 13-1　木構造

図において、▭で表された各点のことを**ノード**（node）、また線のことを**エッジ**（edge）または**枝**という。このように、ノードとエッジから作られる図形のことを**グラフ**（graph）という。グラフは様々なノードがどのようにつながっているのかというネットワークの特徴を示そうとするものであり、エッジの長さなどを変えることによって、同一のグラフであっても見た目が異なることがある。

また、このグラフの構造に着目すると、どのノードから出発しても、別の枝を通ってもとのノードに戻ってくるような環状の道は存在しない。

このようなグラフのことを特に**木**（tree）という。

木構造の頂点にあるものを**根**といい、枝分かれの元を**親**ノード、先を**子**ノードという。根のある木を特に根付き木という。根のノードが子ノードになることはないので、根ノードは親ノードを持たない。一方、親ノードから分岐していき、末端にあるものには子ノードがない。このように親ノードになっていないノードのことを**葉**（leaf）という。そして、子ノードの要素が１つか２つしかない木のことを**二分木**という。

決定木の分析とは、データをもとにこのような木を作成することである。例えば図 13-2 について考えてみよう。様々な特性を持つデータの集まりがあるとしよう。それをその特徴によって図のように４本の線で分割した状況を考えてみよう。

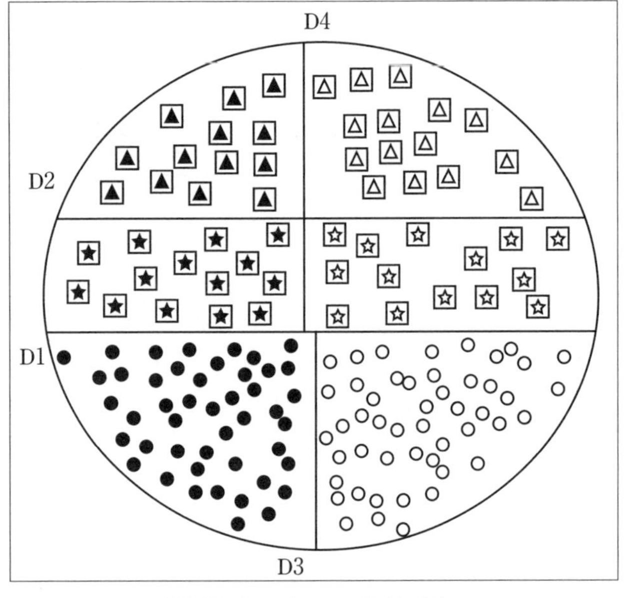

図 13-2　データの分割（1）

図 13-1 の木構造はこれを D1、D2、D3、D4 の順に分割したものである。他にも D3、D4 を合わせた条件で分割し、次に、D1、D2 の順で分割すれば、異なった構造を持つ木ができることになる。このような分割を人が判断する場合には、それぞれの分割について「四角（□）に囲まれている図形かどうか」、「黒塗りかどうか」といった条件を考えることができるが、機械的にこうした木を作成するためには、分岐の条件についても考えなければならない。今回はデータの各成分の値に従って分類することを考える。

13.2　不純度とジニ係数

木構造を作るためには、何らかの基準でグループを分け、それぞれに対し、またさらにグループに分けてという作業を繰り返す。では、どのようにしてグループに分けていけばよいだろうか。この問題を考えるために、次の例をもとに問題を定式化してみよう。

例として、放送大学のように幅広い年齢層が受講するようなある科目を考え、その科目の試験を受験した 10 人の試験結果が表 13-1 のようになったとしよう。

通常、こうした変数のうち、分析の対象としたい変数については最初から決められていることが多い。例えば、先ほどの表 13-1 であれば、どういった人が 70 点以上なのかどうかということを調べたいと考えるだろう。このデータの変数は、それぞれ「ある値以上かどうか」といった具合に数種類（今は 2 種類）のどれかの値しか取らないカテゴリー変数になっている。目的変数がカテゴリー変数であるような決定木のことを**分類木**、目的変数が連続変数であるような決定木を**回帰木**ともいう。

では、このデータを分割することを考えよう。ここでは、1984 年にブライマン（L. Breiman）らによって提案された CART という計算手順

表 13-1　成績データの例

学生番号	年齢	性別	点数
1	40 歳未満	男性	70 点以上
2	40 歳未満	女性	70 点以上
3	40 歳未満	男性	70 点以上
4	40 歳未満	男性	70 点以上
5	40 歳以上	男性	70 点以上
6	40 歳未満	男性	70 点未満
7	40 歳以上	女性	70 点未満
8	40 歳以上	女性	70 点未満
9	40 歳以上	男性	70 点未満
10	40 歳以上	女性	70 点未満

（アルゴリズム）に基づいて説明を行う。今、70 点以上かどうかによって、データは 2 つのクラスに分かれる。そこで、「70 点以上になる」ことを A というクラスに属すると考え、「70 点未満になる」ことをクラス B に属するとする。今、A に属する要素を○、B に属する要素を●であるとすると、表 13-1 は図 13-3 のように書くことができる。この場合、分割として望ましいのはどちらであろうか。

データを分割する場合には、どういう場合に 70 点以上で、どういう場合に 70 点未満なのかということを知りたい。したがって、○と●が混ざっている状態より、○と●がうまく分離してくれるような条件で分類する方が望ましいと考えることができる。このように決定木ではデータの中の混ざり具合を表す**不純度**を求める。そこで、この不純度について、**ジニ係数**（Gini 係数）という指標を考えよう。

ジニ係数はジニ（C. Gini）が 1936 年に考案した指数で、データからランダムに 2 つの要素を抜き出した時に、その 2 つのデータがそれぞれ別のクラスに属する確率である。ここで、クラス A に属する確率を p_A、

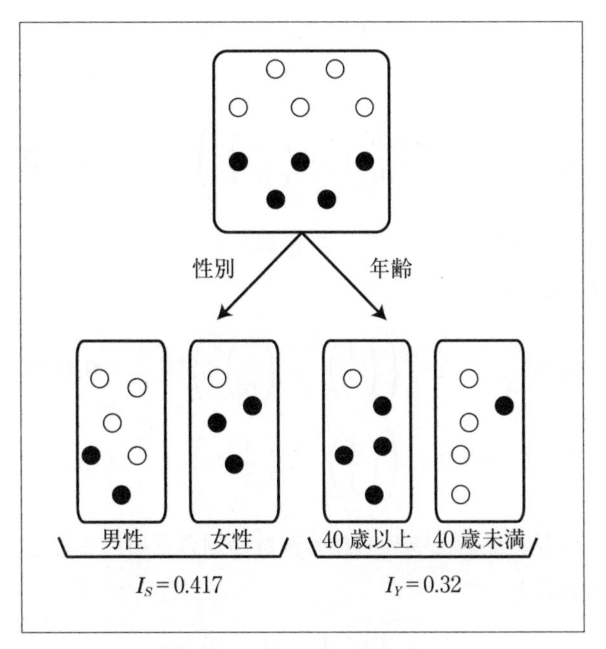

図 13-3　データの分割 (2)

クラス B に属する確率を $p_B(=1-p_A)$ とすると、ジニ係数 I は、

$$I \;=\; 1-p_A^2-p_B^2=1-p_A^2-(1-p_A)^2=2p_A(1-p_A) \quad (13.1)$$

と表すことができる。

1 つのデータを取り出し、元に戻してからもう 1 度取り出した時に、どちらも A に属する確率は p_A^2、ともに B に属する確率は p_B^2 であるから、全体からこれらの場合を取り除いた値は、取り出したデータがそれぞれ別のクラスに属する確率になる。一般にクラスが n 個ある場合には、

$$I \;=\; 1-p_1^2-p_2^2-\cdots-p_n^2=1-\sum_{i=1}^{n}p_i^2 \quad (13.2)$$

と計算できる。

実際に図 13-3 をもとに計算してみよう。まず、分割する前のジニ係数 I_P は、

$$I_P = 1 - \left(\left(\frac{5}{10}\right)^2 + \left(\frac{5}{10}\right)^2\right) = 1 - \frac{1}{2} = 0.5$$

である。性別で分類した場合のジニ係数を I_S、年齢で分類した場合のジニ係数を I_Y とすると、

$$I_S(\text{男性}) = 1 - \left(\left(\frac{4}{6}\right)^2 + \left(\frac{2}{6}\right)^2\right) = \frac{4}{9} = 0.4444\cdots$$

$$I_S(\text{女性}) = 1 - \left(\left(\frac{1}{4}\right)^2 + \left(\frac{3}{4}\right)^2\right) = \frac{3}{8} = 0.375$$

である。このジニ係数にそれぞれの個数の割合を掛けることで平均のジニ係数を求めると

$$I_S = \frac{6}{10} \times \frac{4}{9} + \frac{4}{10} \times \frac{3}{8} = \frac{5}{12} = 0.4166\cdots$$

となる。一方、

$$I_Y(40\text{ 歳以上}) = 1 - \left(\left(\frac{1}{5}\right)^2 + \left(\frac{4}{5}\right)^2\right) = \frac{8}{25} = 0.32$$

$$I_Y(40\text{ 歳未満}) = 1 - \left(\left(\frac{4}{5}\right)^2 + \left(\frac{1}{5}\right)^2\right) = \frac{8}{25} = 0.32$$

なので、同様に平均のジニ係数を求めると、

$$I_Y = \frac{5}{10} \times \frac{8}{25} + \frac{5}{10} \times \frac{8}{25} = \frac{8}{25} = 0.32$$

となる。図と見比べてみると、不純度が高いほどジニ係数は大きくなり、逆に不純度が低いほどジニ係数が小さくなっていることがわかる。分割

する前と比較すると、

$$\Delta I_{PS} = I_P - I_S = 0.5 - 0.417 = 0.083$$
$$\Delta I_{PY} = I_P - I_Y = 0.5 - 0.32 = 0.18$$

となって、どちらも分割する前よりはデータの不純度は減っているが、今回は年齢で分割する方が、性別で分割するよりも不純度が小さくなっている。このように、決定木は、ジニ係数の差が最大となるような分岐を見つけ出し、それぞれについても、それ以上ジニ係数が小さくなることがないというところまで、分岐の作業を繰り返していく。

13.3 R によるシミュレーション

R では決定木の分析を行う rpart と描画のために rpart.plot というパッケージを用いる。追加でインストールする必要があるので、付録 A を参考にインストールしておく。データとしては、図 13-4 に示すような架空の成績データを利用することにする [1)]。これは次に示すような学生の試験結果を表すデータで、表 13-1 の例に加えて、試験を受けた回数を付け加えた 100 人分の成績を表している。ここで、New とは 1 回目の受験を、Retry は再試験を意味している。このデータを用い、どういったタイプの人が「70 点以上」の成績を取るのかどうかということを分析する。

このデータ（ファイル名 ch131.csv）が現在作業しているフォルダにあるとし、データを s1 という名前で読み込み、次に library(rpart) でライブラリの読み込みを行う。今回は、どういったタイプの人が「70 点以上」の成績を取るのかということを調べたいので、4 つの成分のうち、score が目的変数であり、他の変数が説明変数ということになる。rpart では、回帰分析の時に用いた lm と同様に目的変数~説明変数と指定する。

1） Over70 と Under70 では厳密には 70 点が含まれないが、ここではわかりやすさを優先して Over70 および Under70 と記す。

```
number,  age,       gender,  trial,  score
   1,    Under40,   Man,     New,    Under70
   2,    Under40,   Woman,   New,    Under70
   3,    Over40,    Woman,   Retry,  Under70
   4,    Over40,    Man,     New,    Over70
         ⋮
         (略)
```

図 13-4　架空の成績データ

複数ある場合には +でつなぐ。score 以外のすべてという場合には、ピリオド（.）のみとすることができる。最後に、分類木であることを示すために method="class" と指定する。

```
> s1 <- read.csv("ch131.csv",header=T,row.names=1)
> library(rpart)
> s2 <- rpart(score~.,data=s1,method="class")
```

解析が終わったら結果を見てみよう。s2 と打つと次のように結果が表示される。

```
> s2
n= 100

node), split, n, loss, yval, (yprob)
      * denotes terminal node

1) root 100 48 Under70 (0.4800000 0.5200000)
  2) trial=New 70 29 Over70 (0.5857143 0.4142857)
    4) age=Under40 34 6 Over70 (0.8235294 0.1764706) *
    5) age=Over40 36 13 Under70 (0.3611111 0.6388889)
     10) gender=Man 15 7 Over70 (0.5333333 0.4666667) *
     11) gender=Woman 21 5 Under70
         (0.2380952 0.7619048) *
  3) trial=Retry 30 7 Under70 (0.2333333 0.7666667) *
```

このように、結果が文として表示される。受験回数によって分岐があり、受験回数が New である方はさらに年齢によって分岐があり、40 歳以上であるものに対しては性別によってさらに分岐が起こっている。

では、次にこの結果を図で見てみよう。library(rpart.plot) とし、描画のためのパッケージを読み込む。rpart.plot(s2) で描画する。extra で枠内の数値の表示の仕方を変更することができる。extra = 2 では、枠内の 1 行目はどちらが多いか、2 行目には正しく判定された人数が表示される。

```
> library(rpart.plot)
> rpart.plot(s2,extra=2)
```

これを図示したものが次の図 13-5 である。

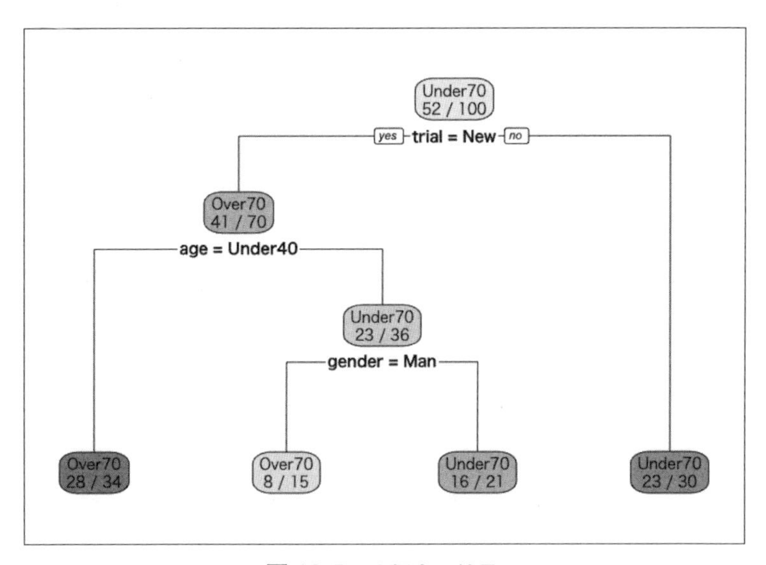

図 13-5　分類木の結果

これを見ると、100 人のうち 70 点未満が 52 人である。再試験の人が 30 人で、再試験を受けている人は 70 点未満であることが多い。また、1 回目の受験の 70 人は 41 人が 70 点以上である。これをさらに分けると 40 歳未満の 34 人と 40 歳以上の 36 人に分けられる。40 歳未満の 34 人は 70 点以上が多い。40 歳以上の 36 人のうち、男性が 15 人で、そのうち 8 人が 70 点以上だが、女性は 21 人のうち 16 人が 70 点未満となっている。

13.4　まとめと展望

ここでは、決定木について、特に分類木について説明した。決定木は不純度を表す指標をもとにデータを分割し、その不純度が最も小さくなるように分岐を決定した。今回はジニ係数を用いたが、ジニ係数の代わりに情報理論の情報量という概念が用いられることがある。

情報量は $\log_2(p_i)$ で表され、その情報量の平均のことを**エントロピー**という。エントロピーは、

$$I = -\sum_{i=1}^{n} p_i \log_2(p_i)$$

と計算される。ここで、$0 \log_2(0) = 0$ とする。エントロピーは情報の不確実さを表したものである。

明日雨が降るかどうかの確率が 50% のエントロピーと、100% の時のエントロピーはそれぞれ

$$I = -\frac{1}{2}\log_2\left(\frac{1}{2}\right) - \frac{1}{2}\log_2\left(\frac{1}{2}\right) = 1$$
$$I = -1 \times \log_2(1) - 0 \times \log_2(0) = 0$$

となる。この結果のように、エントロピーは 50% の時に一番大きくなる。100% 雨とわかっている時に、「明日雨だ」と教えてもらったとしてもあまり情報量がないが、雨が降るかどうかわからない場合に、「明日雨が降る」と教えてもらった場合には不確実である分だけ情報量が多いということを意味している。

決定木の場合には、分割することによって、このような不確実性を減らすようにしたいので、分割の前後でのエントロピーの差、すなわち分割前の情報量の平均から分割後の情報量の平均を引いた値が最大になるように分割する。この差のことを**情報利得**という。要素が 2 つの場合の

ジニ係数とエントロピーのグラフを図 13-6 に示す。 最大値の値こそ違うが、ジニ係数とエントロピーとは似た特徴を持っていることがわかるだろう。

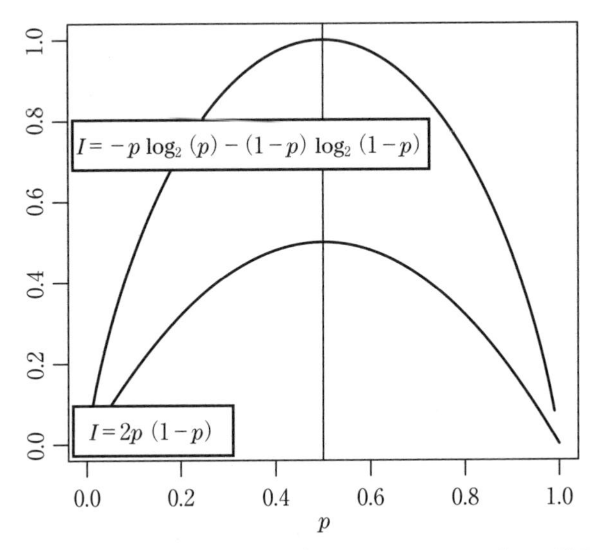

図 13-6　2 つの要素の場合のジニ係数とエントロピーのグラフ

今回示したように、決定木はルールを図で示すことでデータの状況を直感的に把握することが可能になる。また、結果に影響を与える変数を決めるのにも役立つ。

決定木を作る目的とは、単に出てきた結果を分析するというだけでなく、分析して作ったルールに基づいて何らかの意思決定を下し、結果を活用することである。しかし、扱うデータの説明変数の量が多くなると、それに合わせて深く広く枝分かれをするということが起きてしまう。

このような場合の細かな枝分かれとは必ずしも本質的な違いとは限らず、収集したデータのみが持つ微妙な違いに応じた分岐でしかないということも起こる。このような現象を**過学習**という。こうしたことが起きないためには、細かく分岐した枝をある判断基準のもとで切るということを行う。これを**枝刈り**または**剪定** (pruning) という。こうした過学習に関しては第 14 章で扱う。

参考文献

[1] 金明哲、“R によるデータサイエンス”、2007、森北出版

[2] 豊田秀樹、“データマイニング入門”、2008、東京図書

[3] マイケル J. A. ベリー、ゴードン S. リノフ、“データマイニング手法—営業、マーケティング、カスタマーサポートのための顧客分析—”、SAS インスティチュートジャパン、江藤淳、佐藤栄作・訳、1999、海文堂出版

[4] Paul Murrell、“R グラフィックス”、久保拓弥・訳、2009、共立出版

演習問題 13

【問題】

1) 決定木について述べた次の文について、誤っている部分を直せ。

(a) 木とはループのあるグラフのことである。

(b) 目的変数がカテゴリー変数の決定木を特に回帰木という。

(c) データを分割する時は不純度が大きくなるように分類する。

(d) ジニ係数はデータの均一さを表し、値が小さいほどばらついていることを意味している。

(e) 決定木では枝が細かく分岐するほど学習が進んでいるので望ましいと考えることができる。

2) グラフとはノードとエッジから構成され、同じグラフであっても異なる形状となることがある。そこで、次のグラフ上のノードに関して葉であるものを選べ。

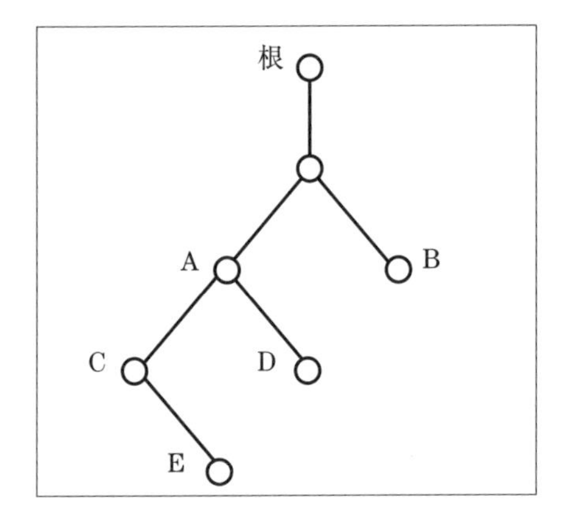

解答

1)　一例として以下のように修正することができる。

(a)　木とはループのないグラフのことである。

(b)　目的変数がカテゴリー変数の決定木を特に分類木という。

(c)　データを分割する時は不純度が小さくなるように分類する。

(d)　ジニ係数はデータのばらつきを表し、値が大きいほどばらついていることを意味している。

(e)　決定木では細かな枝分かれが必ずしも本質的な違いに対応しているわけではなく、枝分かれが多いほどよいとは限らない。

2)　B と D と E

ふりかえり

1)　分類木のルールと結果の見方を確認しておこう。

2)　自分でデータを見つけ、分類木を利用することにする。何のために分析を行おうとしているのだろうか。

14　ニューラルネットワーク

《概要》 脳は神経細胞（ニューロン）が互いにつながりネットワークを形成し、非常に高度な情報処理をしている。このネットワークをニューラルネットワークという。ニューラルネットワークは多入力多出力の関数であり、その仕組みを変化（学習）させることで、最初はできなくても結果的にある機能を獲得するようになる。この学習機能をモデル化して様々な応用がされている。ここでは、データからルールを学び、予測する方法について説明する。

《学習目標》

1）神経回路の振る舞いについて理解する。
2）バックプロパゲーションについて理解する。
3）パッケージ nnet を使い、予測を行えるようになる。

《キーワード》 ニューロン、ニューラルネットワーク、学習

14.1　神経細胞の振る舞いとニューロンのモデル

脳は**神経細胞**、または**ニューロン**（neuron）が互いにつながり、大規模なネットワークを形成している。このネットワークを**神経回路網**、または**ニューラルネットワーク**（neural network）という。ニューロンは、十分大きな刺激を受けると「活動電位」と呼ばれる電気パルスを発生する。発生した電気パルスは**軸索**（axon）と呼ばれる電気ケーブル上を伝播する。発生した電気パルスはこの伝播の過程において整形され、ほぼ一定の大きさになる。

ニューロンから伸びた軸索は途中枝分かれしながら、その終末では、**シナプス**（synapse）と呼ばれる結合点で他のニューロンの細胞体や樹状突

起につながっている。この結合を**シナプス結合**という。一般的なシナプスでは化学伝達物質を介して、他のニューロンへ情報を伝える（図 14-1）。

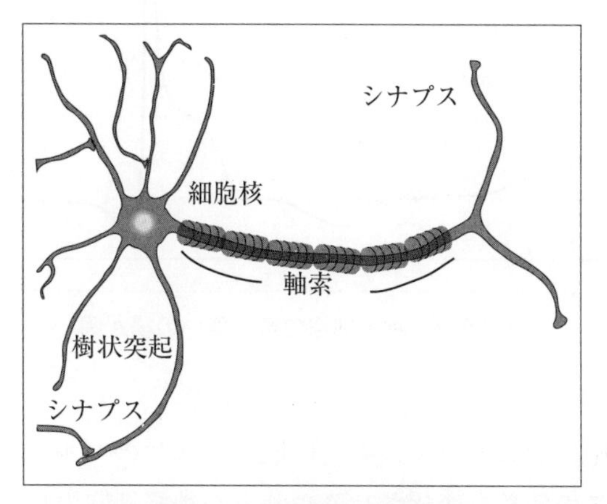

図 14-1　神経細胞の模式図

通常、ニューロンの内部の電位は外の電位より低い状態に保たれている。ここに、シナプスを通して信号を受けると、その電位が高くなったり、低くなったりと変動をする。この時、電位を上げようとする入力を**興奮性**入力（図 14-2ⓐ）、電位を下げようとする入力を**抑制性**入力（図 14-2ⓑ）という。この伝達効率は、シナプスによって異なると考えられており、また、この伝達効率が変化すると考えられている。

ニューロンはたくさんのシナプス結合を持っており、それらの入力の影響を受けて電位が変化する。この時、**しきい値**（threshold）と呼ばれる値よりも低い範囲であれば、入力がなくなりしばらくすると元の状態に戻る。一方、変動がしきい値よりも大きくなると、突然振る舞いが変化して、電気パルスを発生させる。ここで発生した電気パルスが軸索を通して他のニューロンへと伝わる。

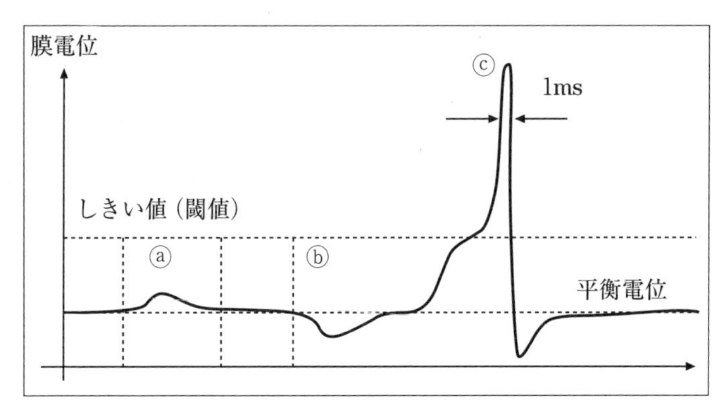

図 14-2　神経細胞の振る舞いの模式図

この振る舞いをまとめると次のようになる。

1）神経細胞は複数のパルスを受け取り、複数のパルスを発生させる。そのパルスの個数を変化させるやり方が神経細胞の特徴である。

2）神経細胞にはしきい値があり、神経細胞の振る舞いを特徴づける変数の一つである。

3）到着したパルスが神経細胞にどう影響を与えるかを決めるのがシナプスであり、この伝達効率が変わることで人は学習していると考えられている。

これをモデル化することを考える。n 個の入力があると考える。ここで、$n+1$ 番目の入力 x_{n+1} を、絶えず 1 の値を持つしきい値のための入力とする。この時、図 14-3 のニューロンの振る舞いは

$$
\begin{aligned}
u &= \sum_{i=1}^{n+1} w_i x_i \\
y &= f(u)
\end{aligned}
$$

と書くことができた。

ここで x_i や y はある時間に電気パルスが発生しているかに対応した変

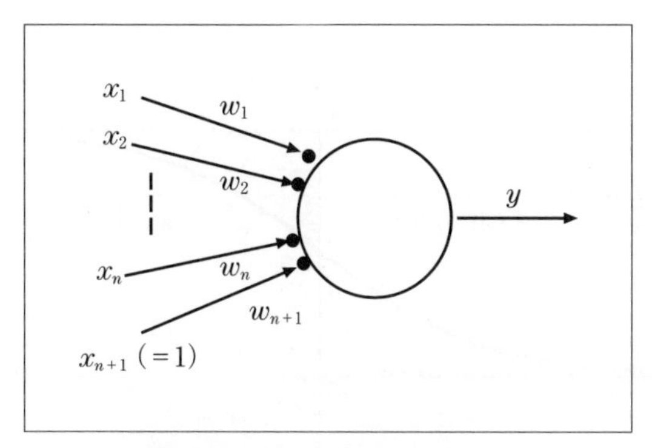

図 14-3　ニューロンのモデル
しきい値の分だけ入力を増やしてある。

数であるとしたが、ある時間幅の中にどれだけの電気パルスが来たのかという入力や出力のパルスの割合に対応した量であると考えることもある。出力を表す $f(u)$ としては、様々な関数が利用されるが、代表的なものとしてはシグモイド関数

$$f(u) = \frac{1}{1 + \exp(-au)} \tag{14.1}$$

が用いられる。シグモイド関数は図 14-4 に示すような S 字型の関数である。a の値が大きくなると、$u \geq 0$ であれば出力がほぼ 1、$u < 0$ であれば出力はほぼ 0 というように、2 値のニューロンのモデルと似た振る舞いを示すこともできる。

シグモイド関数は微分すると、

$$f'(u) = af(u)(1 - f(u)) \tag{14.2}$$

となる。このように、シグモイド関数は a の値によって、階段関数や直線に近い関数へと変えることができ、また階段関数とは違って微分できるという特徴がある。

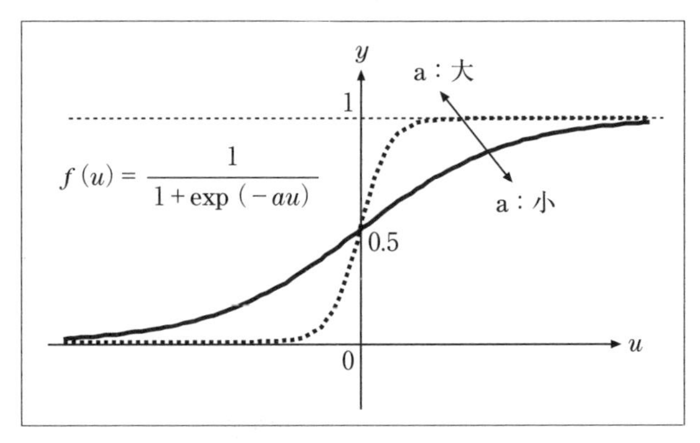

図 14-4　シグモイド関数

14.2　バックプロパゲーション

ニューロンの振る舞いについて述べた。次に多層ニューラルネットワークについて説明する。1987年に**ラメルハート**（D. Rumelhart）によって提案されたバックプロパゲーションというモデルについて説明する。これは多層のニューラルネットワークにおいて結合荷重を変える学習の方法を示したモデルである。この学習則を用いると、出力層だけでなく、入力層から中間層へとつながる結合についても学習することができるが、後に行うシミュレーションにおいては3層のネットワークを扱うので、図14-5に示すようなニューラルネットワークをもとに説明する[1)]。

今、入力の個数が n 個（しきい値を含めて $n+1$ 個）、出力が m 個であるとする。さらに例題の数が N 個あるとしよう。さらに、入力 $\boldsymbol{x}^{(p)}$ に対して、ニューラルネットワークの出力を $\boldsymbol{y}^{(p)}$、本来出力してほしい値（これを**教師信号**という）を $\hat{\boldsymbol{y}}^{(p)}$ とする。ここで、p は p 番目の例題を意味することとする。

つまり、

1）出てくる文字が多いので大変だが、ここでは厳密な計算については省略する。なので、ここでは後に自分でシミュレーションをする場合のために、どれがどれに対応しているのかをきちんと整理してほしい。

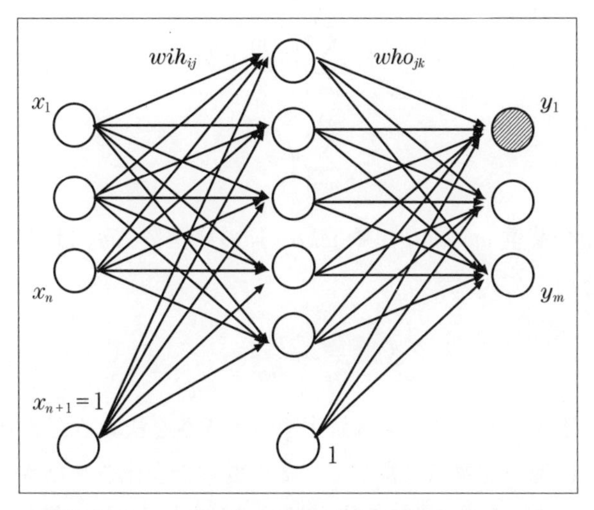

図 14-5　バックプロパゲーションのネットワーク

wih は入力（Input）から中間層（Hidden）の結合、who は中間層（Hidden）から出力層（Output）への結合という意味で書いている。

$$\boldsymbol{x}^{(p)} = \begin{pmatrix} x_1^{(p)} \\ x_2^{(p)} \\ \vdots \\ x_n^{(p)} \\ x_{n+1}^{(p)}(=1) \end{pmatrix}, \boldsymbol{y}^{(p)} = \begin{pmatrix} y_1^{(p)} \\ y_2^{(p)} \\ \vdots \\ y_m^{(p)} \end{pmatrix}, \hat{\boldsymbol{y}}^{(p)} = \begin{pmatrix} \hat{y_1}^{(p)} \\ \hat{y_2}^{(p)} \\ \vdots \\ \hat{y_m}^{(p)} \end{pmatrix} \tag{14.3}$$

である。この時、バックプロパゲーション法では出力と教師信号との誤差の 2 乗を最小にしようとして学習する。

$$\begin{aligned} E_p &= \sum_{k=1}^{m}(y_k^{(p)} - \hat{y}_k^{(p)})^2 \\ E &= \sum_{p=1}^{N} E_p \end{aligned} \tag{14.4}$$

この時、結合荷重 w_i（wih_{ij} や who_{jk}）の修正量 Δw_i は誤差 E を偏微分した値を用いて

$$\Delta w_i = -\epsilon \frac{\partial E}{\partial w_i} \tag{14.5}$$

のように修正する。ここで ϵ は修正する大きさを決める変数である。

偏微分とは他の変数は無視して、その変数を変化させた時の関数の変化の量を表しているので、この値が正ということは、結合荷重を少し増やすと誤差が増えることを意味している。逆に、その値が負であれば、結合荷重を増やすと誤差が減るということである。したがって、偏微分の値の逆の方向に結合荷重を変化させるということは、必ず誤差を減らす（偏微分の値が 0 になって変化しない場合を含めて、正確にいうと増やさない）方向に変化させることを意味している。これは誤差の曲面に対して最も急な傾斜の方向へと修正を行うことから、**最急降下法**（gradient descent method）という。

そこで、結合荷重に対する 2 乗誤差が図 14-6 のように表せるとして、この学習のメカニズムについて考えてみよう。先ほど計算した偏微分はその点における接線の方向に変化する。例えば点 A から出発すると、必ず誤差を増やさない方向に変化するので徐々に w を増加させていく。ϵ が十分小さい値であれば、L1 の地点では偏微分の値が 0 になるので、変化しなくなる。同様に点 C からスタートした時には L2 の地点で学習が終わる。このように、最急降下法では必ずしも誤差が全体の最小値では

なく、局所的な最小値（極小値）で学習が終了するという欠点がある。

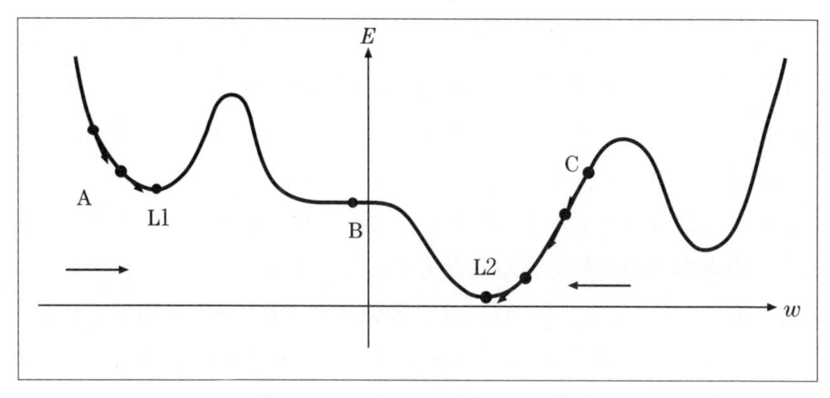

図 14-6　最急降下法のメカニズム

また、点 B は極小値ではないが、その場において偏微分の値が 0 になるところである。このような平坦な場でも学習が進まなくなるということが起こる。このような平坦な場を**プラトー**（plateau）という。

式 (14.4) は出力層の場合には単純に計算することができる。また、誤差 E の中間層 wih による偏微分の値についても、合成関数の偏微分（連鎖律）の知識をもとに計算することができる（その計算の詳細については省略する。それについては文献 [1] などを参照）。中間層が複数ある場合であっても同様に計算することができる。その際、偏微分の値は出力層に近い方から計算し、出力層に近い中間層から入力層へ向かって逆方向へ順番に計算していく。このように、誤差の情報が逆方向に伝わっていくことから、この学習則を**バックプロパゲーション**（back propagation；または**誤差逆伝播法**）という。

14.3　汎化能力と過学習

ニューラルネットワークを用いて学習することのメリットとは、例題を用いて学習し、学習の結果、例題以外の問題に対しても望むような出力を出すことである。これを**汎化**（generalization）能力という。

汎化能力について、図をもとに考えてみよう。

この章ではニューラルネットワークは、それぞれが0から1の値を取る多入力多出力の関数であると考えることができた。まず、例として1入力1出力であるとし、横軸を入力、縦軸をネットワークの出力であるとする（図14-7）。最終的には図14-7のようなsin曲線になるように近似したいとしても、実際には必ずしも多くのサンプルが得られるとは限らない。また、その限られたサンプルも必ずしも正確な値とは限らず、誤差を含むこともあるだろう。この限られた11個のノイズを含んだデータで学習を行ったという状況について考えてみよう。

実際のデータマイニングでは、このsin関数のようにすべての値を調べることができないので、データのうちのいくつかを**訓練**（training）用のデータと**検証**（validation）用のデータの2種類に分けて試す。このよ

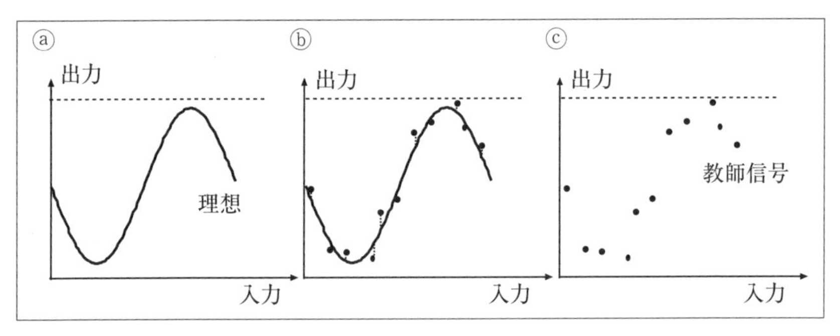

図14-7　ノイズを含んだ教師信号

うに予測精度を測るために、データを訓練用と検証用とに分けて互いに作成と検証を行うことを**クロスバリデーション**（cross validation）という。クロスバリデーションとしては、k 個のグループに分けて 1 つを検証用にして、残りを併合して訓練用として用い、k 回の検証の平均を取るといった方法がある。

訓練後の検証を行うと中間層の個数などによって次のような状況が起こることがある。

図 14-8ⓐはそもそも学習ができていない場合である。極小値やプラトーなど、途中で学習がストップしてしまった場合やそもそも中間層が少ない場合などに起こる。

一方、中間層の個数を増やしていくと、ネットワークとして表現できる能力が上がっていき、ノイズの部分まで正確に訓練してしまい、図 14-8ⓒのように汎化能力が下がってしまう。実際のデータにおいても、例題に対する学習は非常に小さいが、未学習の検証データに対する誤差が大きくなるということが起こる。このように訓練データに過度に適合してしまう状態を**過学習**（overfitting）という。

実際にバックプロパゲーションを行う場合には、中間層が大きすぎる

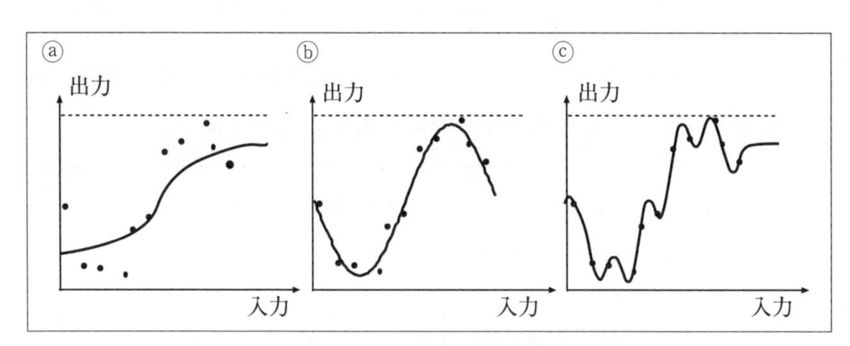

図 14-8　汎化と過学習

ⓐ十分な学習ができていない。ⓒ過学習。

と過学習が起こりうるので、例題に対する訓練誤差が十分少なくなるネットワークのうち、サイズの最も小さいネットワークが用いられる。しかし、中間層をどのぐらいの個数にするべきかがあらかじめわかるということはあまりなく、ある程度試行錯誤が必要となる。

このようにニューラルネットワークは例題の中に隠れたルールを自動的に見つけ、例題以外の入力に対しても正解を導いてくれる可能性を有している。こうしたルールとは、単に回帰分析で行ったような線形な関係だけでなく、非線形であってもよい。こうしたことから、時系列の予測などにも応用されている。

14.4 Rによるシミュレーション

バックプロパゲーションの仕組みやその特徴について述べた。そこで、次にRを用いて実際のデータに適用してみよう。ここでは、nnetというパッケージを使う。library(nnet)でパッケージを読み出し、そのパッケージに含まれるnnetという関数で学習をし、predictという関数を用いて、学習したネットワークが検証用の入力に対してどのような出力をするのかをチェックする。具体的な手順は以下のとおりである。

1) 入出力のデータを読み込む。

例えば、訓練用のデータがch141.csv、検証用のデータがch142.csvであるとして、これをtrain、validという名前で読み込むと、

```
> train <- read.csv("ch141.csv",header=T)
> valid <- read.csv("ch142.csv",header=T)
```

である。実際のデータは、図14-9という形であるとする。trainのoutputという列が教師信号を表している。

```
  input,output
0.015,   0.500912724
0.11,    0.297571962
0.205,   0.218176008
0.3,     0.19291396
0.395,   0.329506764
         ⋮
```

```
  input,output
0.025,   0.45306966
0.05,    0.407294902
0.075,   0.36380285
0.1,     0.323664424
0.125,   0.287867966
         ⋮
```

図 14-9　シミュレーションデータの一部

左が訓練用データ。右が検証用データ。

2)　学習を行う。

ここでは、nnet という関数を使う。nnet は nnet(目的変数~説明変数，データ，中間層の数，最大学習回数) という形で引数を指定する。

```
> sin1 <- nnet(output~input,data=train,size=4,
+ maxit=1000)
```

これは、train というデータの output を input を用いて説明しようとすることを意味している。

3)　予測を行い、比較する。

上記の作業によってできた sin1 には学習後の結合荷重の値が含まれている。このネットワークを用いて検証用のデータで予測値を計算する。predict() を用いる。

```
> yosoku1 <- predict(sin1,valid,type="raw")
```

"raw"は予測の時に出した値を用いる場合に指定する。

これを図で確認しよう。グラフを描く場合には、plot で点を描き、points や lines で点や線を描き加えていけばよい。ここで、コマンドの 1 行目で検証用のデータをプロットしている。この中の type="b" は点と線の両方のタイプであり、ylim=c(0,1) は y 軸の範囲が 0 から 1 までであることを示している。2 行目は x 軸が検証用の input であり、y 軸に yosoku1 の値をプロットしていることを示す。pch=16 は点のタイプが黒丸であることを示している。3 行目は線を引く命令である。

```
> plot(valid,type="b", ylim=c(0,1) )
> points(valid$input,yosoku1,pch=16 )
> lines(valid$input,yosoku1)
```

結果は初期値によって異なるので毎回必ずこのような結果になるわけではない。例として、中間層が 4 個の場合の結果を図 14-10 に示す。

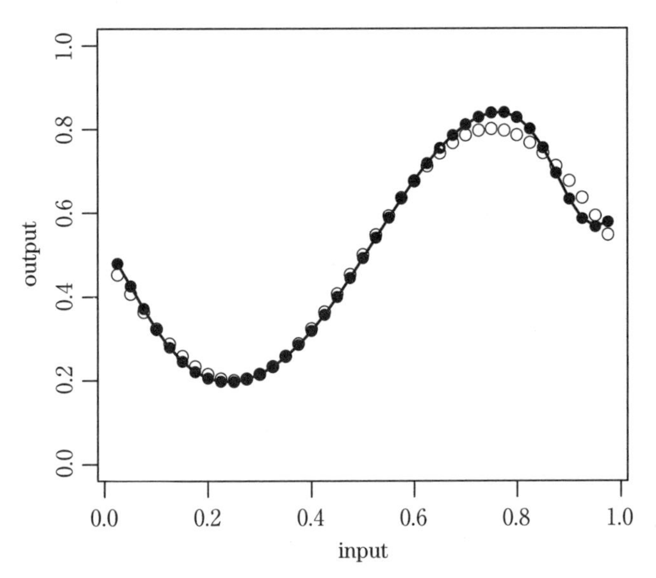

図 14-10　中間層が 4 個の時の学習結果の例
白丸が理想値、黒丸が学習後の予測値。

14.5　まとめと補足

ニューラルネットワークを用いた教師あり学習について述べた。ニューラルネットワークを用いるメリットとしては、

1）入力と正解のペアである例題をもとにして自動的に学習してくれる
2）一つ一つの入出力を覚えるのではなく、適切な結合荷重の値を覚えることによって覚える容量を少なくすることができる
3）例題以外の入力に関しても妥当な答を出す

といったことが挙げられる。

しかし一方で、例題をもとにルールを再現してくれる入出力装置ではあるが、そのルールが具体的にどうであるかについてはブラックボックスのままである。そこで、出来上がった結合荷重などの値をもとにルールを推測することになる。

また、ここではパターンに対する 2 乗誤差を評価のための関数として、これを減らすように学習を行った。しかし、こうした方法だけでなく、汎化能力を高めるための方法として、2 乗誤差に、結合荷重の大きさなどのネットワークの複雑さを制限するペナルティ項を付加した

$$(\text{誤差評価関数}) \quad = \quad (2\,\text{乗誤差}) + (\text{ペナルティ項})$$

をもとに学習を行うことで枝刈りを行う方法も提案されている。

今回は主に予測の問題について扱ったが、バックプロパゲーションは予測以外にも判別の問題に応用することもできる。例えば、図 14-11 のように $x_2 = \sin(2\pi x_1)$ という曲線の上側にあるか、下側にあるかによって判別するような問題を考えてみよう。この場合、例えば、x_1 と x_2 を入力とする。●であれば $y = 1$、▽であれば $y = 0$ といった具合に教師信号を指定して学習させればよい。実際には、シグモイド関数が 0 や 1

の値を取ることはないので、y の値が 0.8 や 0.2 といった値を指定して計算すればよい。

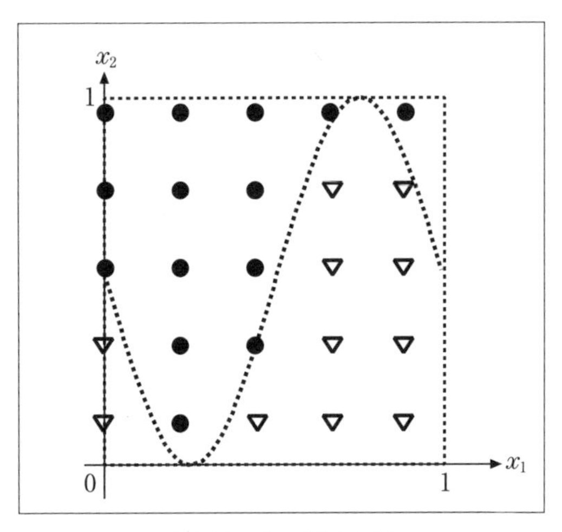

図 14-11　判別の例

nnet というライブラリを用いる場合には、predict という関数で判別した値を出力する場合に、type="class" と指定することで判別の問題にも利用することができる。

参考文献

[1] 安居院猛、長橋宏、高橋裕樹、“ニューラルプログラム”、1993、昭晃堂

[2] 豊田秀樹、“データマイニング入門”、2008、東京図書

[3] 中野馨・編著、“ニューロコンピュータの基礎”、1990、コロナ社

演習問題 14

【問題】

1) 教師あり学習について述べた次の文について、誤っている部分を直せ。

(a) ニューラルネットワークの教師あり学習の目的は例題をもとに学習し、例題だけを解けるようにすることである。

(b) 最急降下法は訓練誤差を入力の値で偏微分した値に基づいて結合荷重を修正する。

(c) 最急降下法では異なる初期値から始めても必ず最小値で学習が終了する。

(d) バックプロパゲーションでは処理の方向と誤差を計算する方向が一致している。

(e) 中間層のニューロンの数が少なすぎると過学習が起こる。

(f) データを訓練用と検証用とに分けて、訓練後のネットワークの作成と検証を交互に行うことをローカルミニマムという。

2) 例題からルールを抽出するのにふさわしい問題とそうでない問題を考えてみよ。また、ふさわしいと思われる問題について、データがあれば自分で試してみよ。

3) 本文では中間層が 4 つの場合について計算例を示した。中間層の個数が 1 個や 100 個の場合に計算を行ってみよ。

解答

1) 一例として以下のように修正することができる。

(a) ニューラルネットワークの教師あり学習の目的は例題をもとに学習し、そこにあるルールを学ぶことで例題以外の問題にも対応できるようにすることである。

(b) 最急降下法は訓練誤差を結合荷重の値で偏微分した値に基づいて結合荷重を修正する。

(c) 最急降下法は局所解で学習が止まることがあり、必ずしも訓練誤差が最小にはならない。どの点からスタートするかで異なる学習結果が得られる。

(d) バックプロパゲーションでは処理の方向と誤差を計算する方向が逆になっている。

(e) 中間層のニューロンの数が多すぎると過学習が起こる。

(f) データを訓練用と検証用とに分けて、訓練後のネットワークの作成と検証を交互に行うことをクロスバリデーションという。

2) 例えば電話帳から何人かの名前と電話番号を抜き出すことを考えてみよう。この場合、たとえ何人かのデータを例題として学習しても、他の人の電話番号を予想することは難しいと考えることができる。なぜなら名前と電話番号の間にルールが存在しないからである。一方、いくつかの銘柄の株価から他の株価を予測するというのは、もし株価の変動が何らかのルールに従っていると考えることができれば、問題としてはふさわしいということになる。

3) 省略。

ふりかえり

1) ニューラルネットワークと回帰分析はどう違うか考えてみよう。

2) バックプロパゲーションをどんなことに応用できるか考えてみよう。

15 テキストマイニング

《概要》 近年、メールや Web、電子掲示板などによって、非常に多くの文書が生み出されている。この章では、文献 [1] を参考に、形態素解析によってテキストから定量的なデータを導き、今までに説明した手法を用いて文書の分類を行う例を示す。この章では形態素解析を行うフリーのソフトウェアを利用して、文書から定量的なデータを得る手順について説明する。そのようにして得られたデータに対して、今まで説明した手法を適用し、文書の分類を行う。

《学習目標》

1) テキストマイニングについて理解する。
2) 形態素解析を行うツールを知る。
3) パッケージ RMeCab を用いてテキストマイニングを行う。

《キーワード》 形態素解析、形態素

15.1 形態素解析

"I read a book." という英文を考えてみよう。このように英語では単語ごとにスペースで区切られ、個々の単語を特定することができる。一方、日本語の場合には単語に区切ることは簡単ではない。例えば、「本を読んだ」という文を考えてみよう。この文は「本/を/読ん/だ」というように単語に分解することができ、名詞の「本」、助詞の「を」、動詞「読む」の連用形 (撥音便)、完了を表す助動詞「た」(撥音便の後は「だ」となる) というように品詞を特定することができる。

このように、文の構成要素を分解していく場合に、それ以上は分解できない最小の要素のことを**形態素**といい、文を形態素に分解し、個々の

形態素の品詞を特定することを**形態素解析**という。

こうした文を機械的に形態素に分解していくということは単純なことではない。例えば、この本のことを放送大学では印刷教材と呼んでいるが、それでは「放送大学の印刷教材」というまとまりを形態素に分けることを考えてみよう。これを「放送/大学/の/印刷/教材」と区切っても個々の要素「放送」「大学」「の」「印刷」「教材」の意味は通じるが、文全体の意図としては「放送大学」「の」「印刷教材」である。このように形態素解析とは、どのような場合であっても必ず結果が1つに定まるというものではない。また、この例のように、形態素が単語とは限らない。そこで、今後は形態素のことを単語ではなく語と示すことにする。

さて、こうした日本語の形態素解析を行うツールとして、**ChaSen**[1]（**茶筌**）、**MeCab**[2]（**和布蕪**）などが知られている。ここではMeCabを用いた例を紹介する。MeCabは、工藤拓氏によって開発された形態素解析ツールである。また、R上でMeCabを用いて解析を行うためのパッケージとして、石田基広氏によって作られた`RMeCab`というパッケージがある[3]。どちらも、Windowsだけでなく、MacやLinuxといった環境でも利用することができる。

この章では、RMeCabを使ってテキストデータをどのように解析できるのかということについて示した後、その結果を踏まえて文書の分類を行う。個々の形態素解析の計算手順や、この教材で紹介しなかった手法などを踏まえた一般のテキストマイニングの応用については参考文献を参照してほしい。

1） http://chasen-legacy.sourceforge.jp/

2） https://taku910.github.io/mecab/

3） http://rmecab.jp/wiki/index.php?FrontPage

15.2　R を用いたテキストマイニング

では、実際に R でシミュレーションをしてみよう。MeCab および RMeCab のインストールに関しては、今まで行ったパッケージのインストールとは違って少し手間がかかる。また、R で日本語を扱う場合には注意が必要な部分もある。そこで、インストールについては巻末の付録 A を参照してほしい。ここでは無事準備ができた前提で話を進めることにする。

```
> library(RMeCab)
> RMeCabC("本を読んだ",1)
[[1]]
名詞
"本"
[[2]]
助詞
"を"
[[3]]
動詞
"読む"
[[4]]
助動詞
"た"
```

まず、パッケージがインストールできたら、RMeCab というライブラリを読み込み、コンソール上で打ち込んだ短文を形態素解析してみよう。

形態素解析する場合にはRMeCabC()という関数を用いる。使い方は、RMeCabC("文")とすればよい。文を二重引用符(")で囲む。何も指定しない場合は形態素に分割し、RMeCabC("文",1)とすると、動詞や助動詞を終止形に直して表示する。

日本語の文が含まれたファイルを読み込んで解析する場合には、RMeCabText()やRMeCabFreq()といった関数を用いることができる。RMeCabText("ファイル名")とすると、指定したファイルの中にある文を形態素解析し、RMeCabFreq("ファイル名")とすると、ファイルの中にある文を形態素解析し、その中にある語を終止形に直した上で、形態素ごとの頻度の表を作成してくれる。

さらに、docMatrix()という関数は、指定したフォルダの中にあるすべてのファイルを読み込み、それぞれに対して形態素の頻度表を作成してくれる。使い方は、docMatrix("フォルダ名",pos=c("品詞"))とする。ここで、pos以下は特定の品詞のみを用いるということを意味している。例えば、名詞と動詞のみを用いるということであれば、pos=c("名詞","動詞")とする。複数の品詞を指定する時は、このようにカンマ「,」で区切って指定すればよい。これによって、各文書ごとに形態素の頻度表が作成される。そこで、その頻度表を用いて文書の特徴を見つけることにしよう。

扱う文書として、今回は**青空文庫**にある文書を取り上げることにする。青空文庫[4]は、著者没後一定期間を経て著作権保護の切れた作品などをボランティアの手によって電子化した、インターネット上の図書館のようなものである。そこでは、夏目漱石や芥川龍之介などの作品を無料で読むことができる。2019年6月現在で電子化された作品はトータルで1万を超えている。

この中で、ファイルのサイズが10KB(キロバイト)程度の短編でサ

4) https://www.aozora.gr.jp

イズの近い次の 7 つの短編（表 15-1）を対象とすることにする。サイトにあるデータには注釈やルビなどがついているので、それらを除いたテキストファイルを対象とする。これらを 1 つのフォルダに入れておこう。このフォルダの名前は今 C15 であるとする。

表 15-1　用いたテキストデータ

作者	作品名
芥川龍之介	トロッコ
芥川龍之介	鼻
芥川龍之介	羅生門
有島武郎	一房の葡萄
梶井基次郎	檸檬
小泉八雲	耳無芳一
新美南吉	ごん狐

名詞や動詞だと作品ごとの違いが大きく、共通の語があまりないので、今回は品詞としては連体詞と副詞をもとに調べてみることにしよう（図 15-1）。

まず、docMatrix() でフォルダを指定して形態素解析を行う。7 個の文書を読んで、それぞれの語の頻度を計算してくれる。この時、何もオプションを指定しないと、一度でも使われている単語であればすべてカウントすることになるが、ある一定以上の回数使われている語のみをカウントすることもできる。例えば、

```
> a2 <- docMatrix("C15",pos=c("連体詞","副詞"),2)
```

とすると、2 回以上出現した語のみをカウントすることになる。この場合 [[LESS-THAN-2]] となる。今回は何も指定しない場合で実行するこ

```
> a1 <- docMatrix("C15",pos=c("連体詞","副詞"))
file = C15/gongitsune.txt
（途中省略）
file = C15/torokko.txt
Term Document Matrix includes 2 information rows!
whose names are [[LESS-THAN-1]] and
[[TOTAL-TOKENS]]
if you remove these rows, run
result[ row.names(result) != "[[LESS-THAN-1]]" , ]
result[ row.names(result) != "[[TOTAL-TOKENS]]" , ]
```

図 15-1 docMatrix による文書の形態素解析

とにする。

出てきた a1 というオブジェクトには、行の最後に文書ごとに一度しか使われなかった語の数 LESS-THAN-1、および指定しなかった品詞も含めたすべての語の総数 TOTAL-TOKENS が付け加えられている。そこで、

```
> a3 <- a1[row.names(a1) != "[[LESS-THAN-1]]" ,]
> a4 <- a3[row.names(a3) != "[[TOTAL-TOKENS]]" ,]
```

とする。!=はイコールでないという意味で、a1 の中で行につけられた名前が LESS-THAN-1 でない行の部分だけを表示して、それを a3 という名前にする。さらに a3 のうち、行につけられた名前が TOTAL-TOKENS でないものを a4 としている。その行のみ削除することになる。

さて、このようにしてデータを作成できたら、頻度表をファイルとし

て保存しておこう。

```
> write.table(a4,"hindo.txt")
```

このファイルをメモ帳などで開くと、図 15-2 という形をしている。1 列目が形態素解析して出てきた語、2 列目以降は各ファイルごとの形態素の頻度の値である。

```
"","gongitsune.txt","hana.txt",(略)
"あんな",2,0,2,3,2,0,0
"いったん",1,0,0,0,0,0,0
"いつの間にか",1,1,1,1,0,1,0
"いつも",3,2,3,1,1,0,0
```

図 15-2　形態素解析後のデータ

15.3　頻度ファイルに基づいた文書の分類

このデータの持つ特徴をグラフにし、分類することを考えてみよう。そこで、多次元尺度法によって文書を 2 次元のグラフで表し、またクラスター分析で行った k-means 法を用いて文書を 2 つのクラスターに分類することを考えてみよう。ただし、頻度表のデータ a4 は行が語、列がそれぞれの作品名という形になっていた。これは、第 11 章で扱ったクラスター分析とは行と列が逆になっている。そこで、行と列を入れ替えた転置行列 t(a4) を c1 という名前にして、これを用いて解析を行う。手順は次のようになる。

```
> c1 <- t(a4)
> c2 <- dist(c1)
> c3 <- cmdscale(c2,eig=T)
> c4 <- c3$points
> c5 <- kmeans(c1,2)
> c6 <- c5$cluster
> plot(c4,xlim=c(-30,30),t="n")
> text(c4,rownames(c1),font=c6)
```

まず、`dist()` で距離を計算する。例えば $(0,0)$ という点と $(1,1)$ という点との距離であれば、$\sqrt{(1-0)^2+(1-0)^2}=\sqrt{2}$ というように距離を計算してくれる。

```
> x <- c(0,0)
> y <- c(1,1)
> dist(rbind(x,y))
          x
 y  1.414214
```

さて、多次元尺度法は距離をもとに低次元の座標を求めるものであった。`cmdscale()` の中の `eig=T` とすると、固有値の値を計算してくれる。グラフを見る前に固有値の寄与率を見ておこう。寄与率を見るには `c3` と打って `GOF` の値を見ればよかった。この値が小さい場合には、より次元を増やす必要があった。今回の場合、72.5% となっている。

```
> c3
(途中省略)
$GOF
[1] 0.7252476 0.7252476
```

最後にグラフを作成する。多次元尺度法の結果において、座標だけを取り出すには、`c3$points` とすればよかった。このように、R では多くの場合、`$`以下を指定することで特定の要素を抜き出すことができた。

次に、k-means 法で分類を行うことにしよう。`kmeans()` では各成分の座標を入力とした。入力の候補として多次元尺度法によって得られた座標か、頻度表という 2 つの座標データが考えられるが、ここでは、もともとの座標である `c1` を引数として与えてみよう。出てきた結果のうち、各要素の結果が`$cluster` に示されているので、それだけ別の名前（`c6`）にしておく。

この結果を図に示そう。今回は点の代わりにファイル名を表示することにする。その場合、`plot` において、点のタイプを空欄（`t="n"`）にし、次に `text()` でその座標にファイル名を置くという指定をする。`text()` は `c4` という座標に、`rownames(c1)` というテキストを書く。

また、`font=c6` は、`c6` で指定した番号に対応するフォントで表示することを意味している。この結果が図 15-3 である。

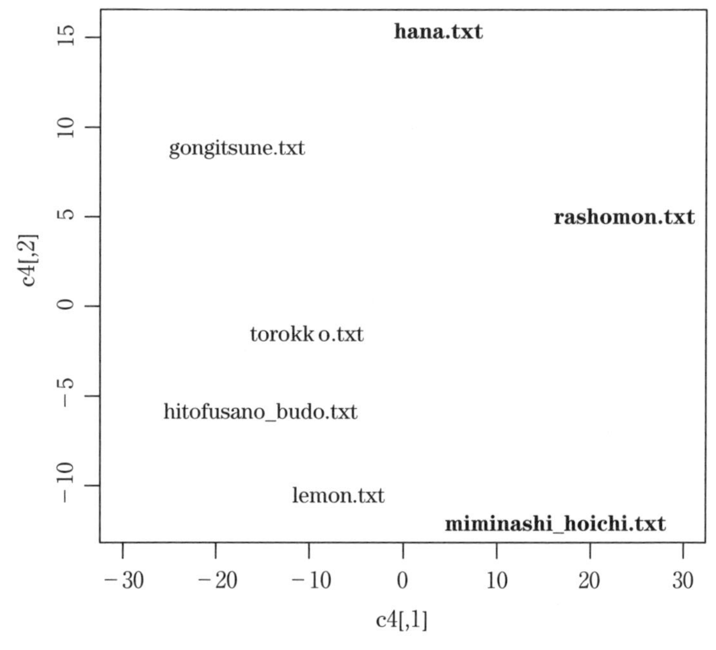

図 15-3　多次元尺度法による可視化

15.4　まとめと展望

この章ではテキストマイニングについて述べた。形態素解析によってテキストから定量的なデータを作成し、そのデータを用いて分類するという作業を行った。テキストマイニング自体の応用は幅広く、その中にはこの印刷教材で説明しなかった方法を用いたものも多い。そのため、この章では今までの手法を復習するという意図でまとめた。それ以外のテキストマイニングの応用については参考文献を参照してほしい。

今回は、連体詞や副詞をもとに語の頻度を計算したが、品詞によっては、それぞれの作品にしか出現しない語が多く、項目のほとんどが 0 になっているということが起こる。このように、各項目の値が 0 になることが多い現象を**疎**（第 12 章参照）といった。データが疎になることを**データスパースネス**（data sparseness）の問題という。

このような問題があるにも関わらず、データの形式が揃っていたら、それに基づいて解析すると何らかの結果を得ることができる。何らかの結果が得られると、ひとまず満足してしまいがちである。しかし、そうであったとしても、単に結果が出たからよかったということではなく、どのような理由によってそのような結果が出たのかについて検討する姿勢は大事なことである。

その際には、それぞれの手法において、例えば寄与率などによって判断することもできるだろう。しかし、分析結果が妥当であるかどうか、その結果をどう活用するかということになると、専門家の知識が必要になるであろう。

また、今回は Web サイトにあるデータからルビなどを除いたテキストファイルを用いて解析を行った。このように、データマイニングのステップは一連の解析がノンストップで行われるわけではなく、こうした**前処理**も重要な役割を果たす。

このように、データマイニングでは、単にその手法だけで自動的に知識を発見できるわけではなく、前処理をし、分析を行い、またその結果をその分野の専門的な知識を有する人とともに判断する、といった作業が含まれることがある。

参考文献

[1] 天野真家・他、“自然言語処理”、2007、オーム社
[2] 石田基広、“R によるテキストマイニング入門”、2008、森北出版
[3] 高村大也、“言語処理のための機械学習入門”、奥村学・監修、2010、コロナ社

演習問題 15

【問題】

1) RMeCabC という関数で「放送大学の印刷教材」と入力するとどのように形態素解析をするか確認してみよ。

2) 今回用いた文書をもとに、他の品詞で区別する、または他の手法を試すとどうなるかについて検討してみよ。

解答

1) 辞書などの変更をしていなければ「放送大学/の/印刷/教材」と区切られる。

2) 省略。

ふりかえり

この科目を学んで変化したと思うことについて書いてみよう。

1) これからデータ分析をする上でどんなことをしたいだろうか。

2) それは第 1 回にメモしたこととどう変わっただろうか。

3) これから学びたいことについて書いておこう。

付録A　Rのインストールと設定

《概要》 R、RStudio および講義で用いたパッケージのインストールの仕方について述べる。ここで述べることは R の機能のごく一部である。詳細については参考文献を参照してほしい。

《学習目標》

1) R のインストールと設定ができる。
2) RStudio のインストールと設定ができる。
3) 基本的なグラフの要素を付け加えたグラフを作成することができる。

《キーワード》 インストール、設定、関数

A.1　R と RStudio のインストール

A.1.1　R のインストール

R を入手するには、R の総合サイトである CRAN（Comprehensive R Archive Network）[1]、もしくはそのミラーサイト（同じものを置いている複製サイト）から入手する。例えば、統計数理研究所内の CRAN のミラーサイト[2]から入手する。そのサイト内から `Download and Install R` へ進み、自分の使っている OS に合わせて適切なものをダウンロードし、インストールする。例えば、Windows 10 であれば、`Download R for Windows` をクリックし、`Subdirectories:` の中にある `base` をクリックする。続いて、その中にある `Download R 3.6.0 for Windows` をクリックして保存し、実行する。Windows の場合、実行すると、セットアップ**ウィザード**が立ち上がる。対話型で指示が出るので指示に従いインストールを行う。インストール項目については最初に選択されているままで特

1） `https://cran.r-project.org/`
2） `https://cran.ism.ac.jp/`.

に変更する必要はない。また、選ばなかったものについても、無事インストールが終われば後から追加することができる。

macOS の場合には Download R for (Mac) OS X から R-3.6.0.pkg を選ぶ。

A.1.2 RStudio のインストール

R をインストールした後、RStudio をインストールする。商用ライセンスではなく、個人で使うので Open Source Edition を使う。RStudio のサイト[3]のメニューにある Products から RStudio を選び、その後のページで DOWNLOAD RSTUDIO DESKTOP をクリックする。すると、ダウンロードのページ https://www.rstudio.com/products/rstudio/download/ に移るので、Installers の中から自分の OS に合ったものを選べばよい。

A.1.3 macOS における環境設定

講義で扱ったデータについては講義用 Web サイト[4]に置いてある。ここにある 20data.zip をダウンロードし、作業するフォルダで解凍する。Windows では、ユーザのマイドキュメントに Data フォルダを作り、そこでデータを解凍することを推奨する。その設定については第 1 章を参照してほしい。

macOS の場合には、デフォルトではユーザの ホームフォルダ (Macintosh HD/Users/ユーザ名) になっている。そこで、ユーザのホームフォルダに Data フォルダを作る。まず、Finder の［環境設定...］を開く（図 A-1ⓐ)。すると、［一般］のタブが開かれ、「新規 Finder ウインドウで次を表示:」の部分に家のアイコンと自分のユーザ名が表示されていることを確認する（図 A-1ⓑ)。ホームフォルダにはアクセスすることが多いので、Finder を開いた時にいつでも戻れるようにサイドバーに表示させておく

3) https://www.rstudio.com
4) https://www.is.ouj.ac.jp/lec/20data/

と便利である。[サイドバー] のタブを選び、家のアイコンがある項目にチェックを入れる（図 A-1ⓒ)。Finder を開き、ホームフォルダが表示されたら、`Data` という新規フォルダを作成し（図 A-1ⓓ)、そこでダウンロードした講義データを解凍しよう。

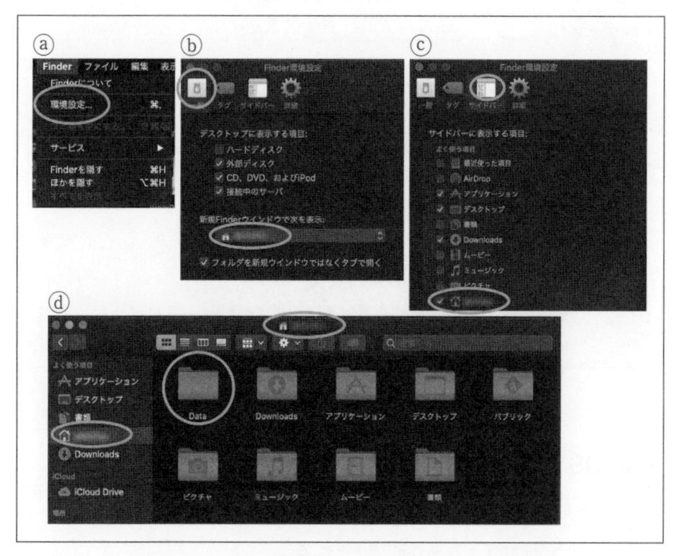

図 A-1　macOS におけるフォルダの設定

RStudio を起動したら、後は Windows の場合と同様、`Tools` 内にある `Global Options...` を選ぶ。次に `General` のタブにある `Default working directory` にある `Browse...` ボタンを押す（図 A-2)。すると、Finder が立ち上がるので、`Data` フォルダを選び `OK` を押し、いったん RStudio を終了する。その後 RStudio を立ち上げると、`Files` には `Date` フォルダの中身が表示される。

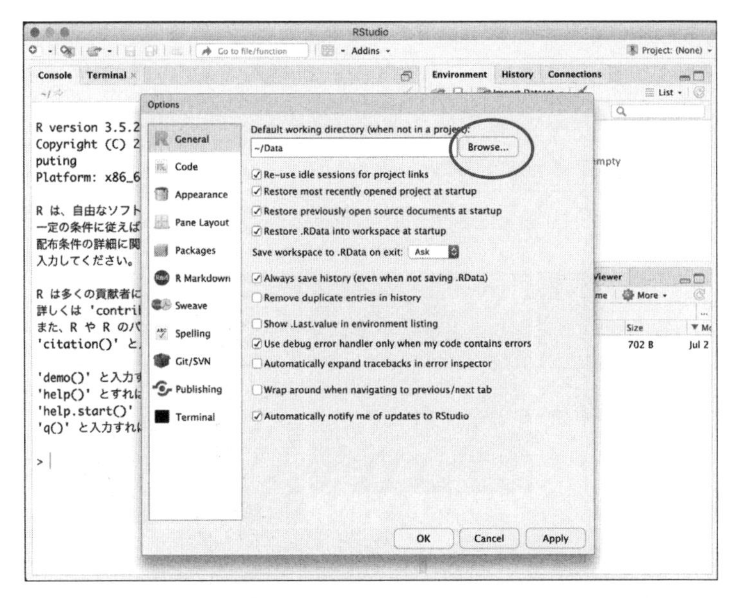

図 A-2　RStudio の設定

A.1.4　macOS における日本語フォントの設定

Mac で R を起動して、次のようにしてグラフを作成してみよう。正しく文字が表示されているか確認しよう。

```
> curve(1/(1+exp(-x)),xlim=c(-10,10))
> abline(h=0,v=0)
> title("シグモイド関数")
```

もし日本語が表示されず□□□のように表示された場合にはフォントの設定を行う。図 A-3 に示すようなファイルを`.Rprofile`という名前で作成し、自分のホームフォルダ、または RStudio で指定した `Working Directory` に置く。

```
setHook(packageEvent("grDevices", "onLoad"),
   function(...){
     grDevices::quartzFonts(serif=grDevices::quartzFont(
        c("Hiragino Mincho Pro W3",
           "Hiragino Mincho Pro W6",
           "Hiragino Mincho Pro W3",
           "Hiragino Mincho Pro W6")))
     grDevices::quartzFonts(sans=grDevices::quartzFont(
         c("Hiragino Kaku Gothic Pro W3",
           "Hiragino Kaku Gothic Pro W6",
           "Hiragino Kaku Gothic Pro W3",
           "Hiragino Kaku Gothic Pro W6")))
  })
attach(NULL, name = "MacJapanEnv")
assign("familyset_hook",
       function(){
       par(family="sans")},
       pos="MacJapanEnv")
setHook("plot.new",
    get("familyset_hook", pos="MacJapanEnv"))
```

図 A-3　R の設定ファイル

（文献［2］より）

A.2 パッケージのインストール

Rでは、関数やデータなどを1つのまとまりにして、分野ごとにパッケージとして管理している。もし、最初にインストールしていない場合でも後から追加することができる。例えば、arulesというパッケージを利用する場合にはlibrary(arules)と入力する。

この教材の中でも、knitr（第2章）、arules（第12章）、rpart、rpart.plot（第13章）、nnet（第14章）、RMeCab（第15章）といったパッケージを利用した。ここでは、そうしたパッケージのインストールの方法について述べる。ただし、RMeCabについては後から別に述べる。

パッケージをインストールするには、RStudioのToolsにInstall Packages...があるので、それを利用する（図A-4）。

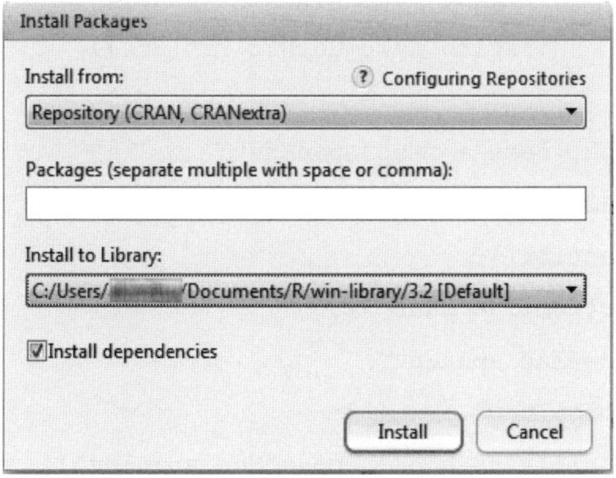

図A-4　パッケージのインストール

Packagesの欄にインストールしたいパッケージ名を入力し、Installボタンをクリックすると、必要なファイルをインターネット越しに取得してインストールしてくれる。インストールするファイルを別途入手している場合には、Install from:の右にある▼（Mac の場合は◊）をクリックし、Package Archive File(.tgz;tar.gz) を選ぶと、エクスプローラーや Finder が立ち上がるので、ダウンロードしたファイルを選びインストールする。

または、コマンドを用いてインストールすることもできる。例えば knitr であれば

```
> install.packages("knitr",dependencies = T)
```

とする。dependencies=T とすると、インストールするために追加でインストールする必要のあるものもインストールしてくれる。

A. 3　RMeCab のインストール

まず、MeCab のインストールについて述べる。インストールの仕方が Windows と Mac で異なるので分けて記述する。

A. 3. 1　Windows の場合

RMeCab の前にまず MeCab をインストールする。Windows 用であれば、MeCab のサイト[5] から mecab-0.996.exe をダウンロードする。目次の「ダウンロード」から「Binary package for MS-Windows」の項にある mecab-0.996.exe:の右隣にある「ダウンロード」をクリックする。形態素解析には辞書が必要になるが、Windwos 用のものであれば、辞書も同時にインストールしてくれる。ダウンロードしたら、mecab-0.996.exe を実行する。R の時と同様に、インストールする言語を聞かれるので Japanese を選ぶ。すると、インストールが開始される。

5） https://taku910.github.io/mecab/
これも執筆時点の最新のものであって、実際にはバージョンが異なることもある。

途中で文字コードについて聞かれるが、Windows であれば「SHIFT-JIS」を選ぶ。聞かれる質問は基本的にデフォルトのままでよい。「このコンピュータの全ユーザに MeCab の実行を許可しますか？」と聞かれたら「はい」と答える（図 A-5)。

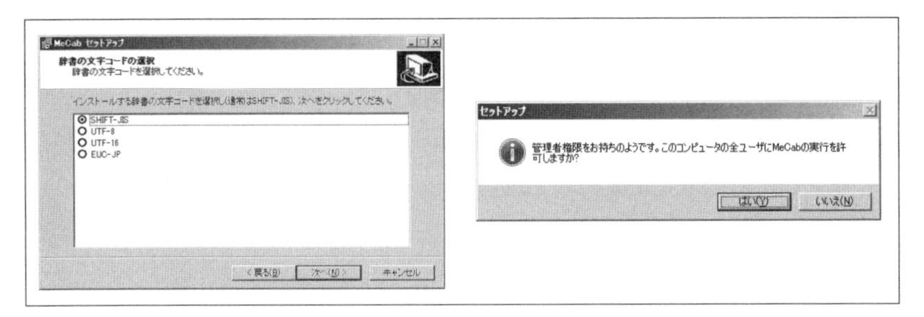

図 A-5　MeCab のインストール

インストールが完了するとデスクトップ上に MeCab というアイコンができている。ダブルクリックして立ち上げてみよう。また、すべてのプログラムの中にある MeCab というフォルダから MeCab を選んでもよい。半角/全角 キーを押し、日本語の文字を入力してみよう。

図 A-6 のように形態素解析をしてくれたらインストールは成功である。

図 A-6　MeCab の起動後の画面

A. 3. 2　macOS の場合

macOS で `MeCab` をインストールするためには、まず、App Store から `Xcode.mkpg` をインストールしておく。

`MeCab` をインストールする場合には、`MeCab` のサイトから、`mecab-0.996.tar.gz` と辞書ファイル `mecab-ipadic-2.7.0-20070801.tar.gz` をダウンロードする。Windows の時には辞書も一度にインストールできたが、macOS の場合にはそれぞれインストールする必要がある。

ダウンロードしたら、ターミナル上でコンパイルしてインストールするので、自分のフォルダ内に仮のフォルダ (例えば `work`) などを作り、ダウンロードしたファイルをコピーしておく。手順としては、この 2 つのそれぞれに対して、

1） `tar` でファイルを展開する
2） `./configure` によって、それぞれの環境に適した形で実行ファイルを作成するためのファイル `Makefile` を作成する

3） make で実行ファイルを作成する（コンパイルする）

4） sudo make install で管理者権限でインストールする

とすればよい。文字コードがUTF-8 であれば、それを指定する。%をターミナルのプロンプトだとすると、

```
% tar xvfz mecab-0.996.tar.gz
% cd mecab-0.996
% ./configure --with-charset=utf-8
% make
% sudo make install
```

MeCab がインストールできたら、次に IPA の辞書も同様に、

```
% tar xvfz mecab-ipadic-2.7.0-20070801.tar.gz
% cd mecab-ipadic-2.7.0-20070801
% ./configure --with-charset=utf-8
% make
% sudo make install
```

とすればよい。エラーがなくインストールできたら、ターミナル上で mecab と入力して動作を確認してみよう。

日本語を打つと、形態素解析をしてくれる。終了するには Control と c を押す。もし文字化けしていたりした場合には、ターミナルの［環境設定...］でターミナルの文字コードを確認してみるとよい（図 A-7)。

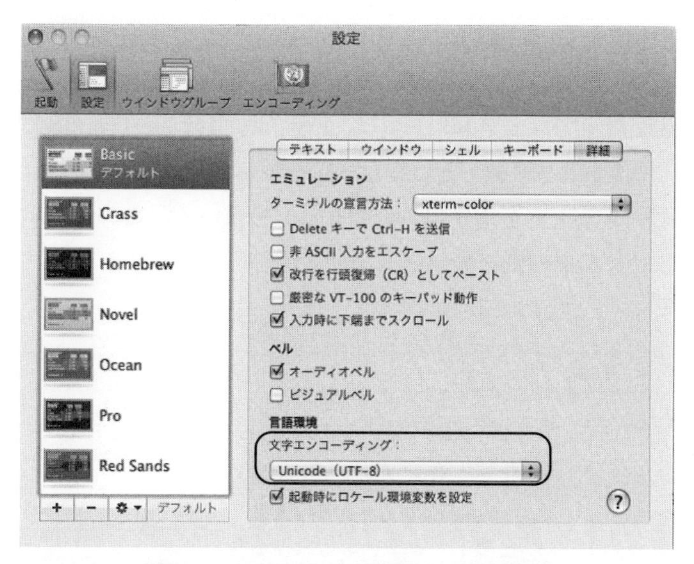

図 A-7　ターミナルの文字コードの設定

A. 3. 3　RMeCab のインストール

RMeCab[6] は以下のコマンドでインストールする。Windows の場合には

```
> install.packages("RMeCab",repos=
"http://rmecab.jp/R")
```

macOS の場合には

```
> install.packages("RMeCab",repos=
"http://rmecab.jp/R",type="source")
```

とする（いずれの場合も実際には 1 行）。

6）`http://rmecab.jp/wiki/?RMeCab`
詳細は上記サイトを参照してほしい。

A.4 主な関数

読み込んだオブジェクトの一覧は、RStudioではEnvironmentに表示される。一方、Rでls()としても一覧を表示することができる。また、特定のオブジェクトを消す場合にはrm()を用いる。このように、操作のためのコマンドの例を表A-1にまとめる。

表A-1 Rの主な関数

演算子	説明
ls()	使っているオブジェクト一覧の表示
rm()	使っているオブジェクトの消去
getwd()	作業フォルダの確認
setwd()	作業フォルダの変更、二重引用符（"）で囲む
library()	パッケージの読み込み
data()	データセット内のデータの読み込み
help()	関数などのヘルプを表示
install.packages()	パッケージの追加、二重引用符（"）で囲む
quit()、q()	終了

参考文献

[1] 石田基広、“Rによるテキストマイニング入門”、2008、森北出版

[2] 船尾暢男、“The R Tips”、2010、オーム社

[3] Norman Matloff、“アート・オブ・Rプログラミング”、大橋真也・監訳、木下哲也・訳、2012、オライリー・ジャパン

索引

●欧文の配列はアルファベット順、和文の配列は五十音順。

●さ　行

●た　行

●な　行

●は　行

●ま　行

●や　行

●ら　行

著者紹介

秋光　淳生（あきみつ・としお）

1973 年　神奈川県に生まれる
東京大学工学部計数工学科卒業
東京大学大学院工学系研究科数理工学専攻修了
東京大学大学院工学系研究科先端学際工学中退
東京大学先端科学技術研究センター助手等を経て
現在　放送大学准教授・博士（工学）
専攻　数理工学
主な著書　情報ネットワークとセキュリティ（共著，放送大学教育振興会）
遠隔学習のためのパソコン活用（共著，放送大学教育振興会）
問題解決の進め方（共著，放送大学教育振興会）

放送大学教材　1570366-1-2011（テレビ）

改訂版　データの分析と知識発見

発　行　　2020 年 3 月 20 日　第 1 刷
　　　　　2021 年 7 月 20 日　第 2 刷
著　者　　秋光淳生
発行所　　一般財団法人　放送大学教育振興会
　　　　　〒 105-0001　東京都港区虎ノ門 1-14-1　郵政福祉琴平ビル
　　　　　電話　03（3502）2750

市販用は放送大学教材と同じ内容です。定価はカバーに表示してあります。
落丁本・乱丁本はお取り替えいたします。

Printed in Japan　ISBN978-4-595-32213-6　C1355